魅力需要文化作底蕴，更需要气质的打磨与彰显！

魅力女人
有魅力才是真美丽
MEILI NÜREN YOU MEILI CAI SHI ZHEN MEILI

董青 编

黑龙江科学技术出版社

图书在版编目（ＣＩＰ）数据

魅力女人 / 董青编著.－－ 哈尔滨：黑龙江科学技术出版社, 2015.6

ISBN 978-7-5388-8315-2

Ⅰ．①魅… Ⅱ．①董… Ⅲ．①女性－修养－通俗读物 Ⅳ．①B825-49

中国版本图书馆 CIP 数据核字(2015)第 145378 号

魅力女人

MEILI NÜREN

作　　者	董　青	
责任编辑	焦　琰	
封面设计	叶　子	
出　　版	黑龙江科学技术出版社	
	地址：哈尔滨市南岗区建设街 41 号　邮编：150001	
	电话：（0451）53642106　传真：（0451）53642143	
	网址：www.lkcbs.cn　www.lkpub.cn	
发　　行	全国新华书店	
印　　刷	北京市通州兴龙印刷厂	
开　　本	787 mm × 1092 mm　1/16	
印　　张	14	
字　　数	180 千字	
版　　次	2015 年 8 月第 1 版　2015 年 8 月第 1 次印刷	
书　　号	ISBN　978-7-5388-8315-2/ G・1023	
定　　价	29.80 元	

爱美是女人的天性，无论时空怎么转变，时尚音符如何跃动，追逐美丽注定是女人生命季节里不变的旋律。现在，越来越多的女性对美有了更深层次的认识，她们清醒地认识到：有魅力才是真美丽。

魅力不仅是甜美的笑容、娇嫩的嗓音、得体的装扮，更是一种由内而外散发出的摄人心魄的吸引力和动情点，是内在美和外形美的完美体现。魅力需要文化作底蕴，更需要岁月的打磨和沉淀。因为只有具备了精神上的高素养，才可能有生活中的高品位。有魅力的女人常常具有大家风范，举手投足，言谈举止，让人着迷。有魅力的女人不一定是事业成功的女性，但一定是一个心地善良、不懈追求生命质量的女人。

一个真正有魅力的女人应该贤而不弱，强而不悍，韧而不刚，柔而不媚。而要做到这些，女性必须有一颗善良、博大的爱心，要具有一种自信、独立的精神；要学会爱自己，爱家人，爱朋友，爱身边一切需要帮助的人。只有心地无私，真正懂爱的女人才会散发出永恒持久的魅力。

对于女人，不同的生命季节有不同魅力。如我们大家都熟知的香港凤凰卫视当家花旦吴小莉、影坛巨星张曼玉、著名主持人杨澜、著名音乐指挥家郑小瑛等，她们虽风格不同，但有一点很相似：都是已过而立之年的成熟女性。她们用自己的实践走出了传统女性美的窠臼，把女性每个生命季节的灿烂发挥得淋漓尽致。因此，女人大可不必沉浸在"韶华易逝"的无奈中自伤自嗟，只要珍惜每一天，在岁月累积的同时也认真累积自己，定能成为一个魅力持久的美丽女人。

魅力是需要训练的，但这种训练不只限于学礼仪、练形体，也不仅仅是金钱、时间上的投资，更多的是一种对高质量生活的不懈追求，是由生活细节衬托出的点点滴滴。日本女人之所以被举世公认为最有魅力的女人，就在于她们从小就开始学习如何做一个魅力女性。她们不仅从小就学习文化知识，还接受礼仪、化妆、色彩、插花、服饰、厨艺等多种能力的培训。这样长期熏陶出来的女孩，在举手投足间，自然而然地就会散发出一种迷人的神韵。

培根曾说过："形容之美胜于色彩之美，而嘉言雅行之美又胜于形容之美。"这里的"嘉言雅行"指的就是女性的涵养，这种涵养的形成需要知识作铺垫，教养作积累，训练来辅助，而这所有的一切都需要在日常的细节中打磨，包括你的衣着打扮，仪态仪表，身体语言，待人接物等等。千万别小瞧这许多细枝末节，因为它们恰恰是组成魅力的重要元素。从现在做起，从细节做起，只要坚持下去，你定能成为一个魅力十足的女人。

第一篇

秀发——飘出女人的飞扬神采

第二篇

生命青春俏容颜

第三篇
谁也无法抗拒好身材

第四篇
穿出自己的第一张名片

秀 发

——飘出女人的飞扬神采

头发一向是为女人的美丽而长的,当她们立于镜前,看自己是否美丽时,总是要从"头"开始。拥有一头别致亮丽的发型可以衬托出一个女人的美姿,能增添女性动人的光彩。审度一个女人美不美,往往也总是先从"头"看起。因此,想使自己成为一个仪态万方的魅力女人,首先就要拥有一头清新飘逸的秀发。

①.发质有失，发型补之

　　要想拥有一头清新飘逸的秀发，就必须选择一种适合自己的发型。由于每个人的发质不同，适合的发型也会不一样。不同的发质可以打造出不同的魅力女人，所以，不要抱怨自己的发质是软是硬、是卷是直，只要根据自己的发质，并在发型设计师的指导下选择发型，就可以把自己的头发打扮得更美丽，从而提升自己的魅力。下面是我们针对女性朋友不同的发质，提出的几点建议：

柔软的头发

这种发质比较容易整理，不论想做哪一种发型，都非常方便。因为柔软的头发比较服帖，所以梳俏丽的短发可以充分表现出个性美。

自然的卷发

只要能利用它自然形成的弯度，就能做出各种漂亮的发型。但不宜将头发减短，否则卷曲度就不会明显，只有留长发才能显示出其自然的卷曲美。

服帖的头发

这种发质的特点是头发疏密有致，非常服帖，很容易梳理；只要能巧妙修剪，就能使发根的线条以极美的形态表现出来。这种发质的人，最好将头发剪短，前面和旁边的头发，可以按自己的爱好梳理，而后面则一定要充分显示出发根线条美，这样才是理想的发型。修剪时，最好能将发根稍微打薄一点儿，使颈部若隐若现，这样能给人以清新明媚之感。

稀疏的头发

这种发质的人最适合留长发，然后将其梳成发髻。因为这样不但梳起来容易，而且也能比较持久。但是这种发型缺乏时代感，如果能辅之以假发，那效果会更佳。发髻的位置应视场合而定。梳在头顶，较适合正式场合；梳在脑后，则适合家居；而梳在后颈上时，会显得高贵典雅。

直硬的头发

直硬的头发

　　这种发质的特点是"不太听话"，想做出理想的发型不太容易。因此在做发型以前，最好能用油性烫发剂将头发稍微烫一下，使头发能略带波浪，稍显蓬松。在卷发时最好能用大号发卷，这样烫出来的效果才比较自然。由于这种发质的另一个特点是很容易修剪整齐，故设计发型时最好以修剪为主，尽量避免复杂的花样，这样做出的发型既简单又不失高雅大方。

　　每个人的发质是生来就注定的，但这并不意味着不能拥有漂亮的发型。只要你能根据自身的发质，客观地选择适合自己的发型，而不是不顾自身的条件，刻意去模仿别人，就一定能成功地打造出完美的自己。

2. 发型与脸型
相配,时尚与*活力*尽显

选择发型除了要根据自己的发质外,脸型也相当重要。一个魅力女人的发型从来都是与她的脸型相搭配的。脸部轮廓是天生的,没人能够改变它(整形手术除外)。所以,女性朋友在为自己选择发型时,应该先客观地判断自己的脸部轮廓,然后再选择能充分表现自己气质和风度的发型才对。

适合圆形脸的发型

圆形脸能给人温柔、可爱的感觉。通常,圆形脸的人都是两颊较宽、头顶较窄。这种脸形的人,如果想使脸形变得更加协调,可将顶发梳高,两边平梳;如果是小而端正的圆脸,应避免将额头全部露出来,可以将头发向后拢,梳成一条马尾辫。对于两颊到下巴都比较圆大的人,最好是梳中型短发,把整个脸都露出来,这样就不会显得脸太圆,而且看上去比较清爽,富有变化。

适合长形脸的发型

长形脸看起来比较老气,所以应选能让人感觉比较年轻些的发型。这种脸形的人,首先应避免把脸部全部露出来,最好能留些刘海,否则额头全部裸露在外,会使脸部显得更长。其次,尽量使两侧的头发蓬松一些,这样也可以掩饰长脸的缺陷。长形脸的人可剪蘑菇式发型,再让发梢卷进去,这样看起来会更漂亮一些;如果将发梢往外卷,则会增添活泼感。如果喜欢留长发,可先烫成大波浪卷,然后放松地往两侧梳,使头发轻柔地垂在脸颊的两侧,这样会显得很妩媚。如果喜欢别致的发型,可将侧发、前发烫小卷,效果也非常好。但应注意的是,长形脸的人应尽量避免将全部头发向后一把抓。如果图省事一定要这样梳,记住要留刘海儿,而且发束尽量不要夹得太高,应注意平实。

适合倒三角形脸的发型

倒三角形脸的女性通常下巴较小,虽然给人较单薄的感觉,却可以利用姣好的下巴线条。这种脸形的人烫比较蓬松柔和的发型会很合适。但最好不要把前面的头发梳上去,否则会使下巴看起来更尖,应留些头发在额头上,这样感觉会比较好。如果你是小而端庄的倒三角形脸,无论是留长发还是剪短发,都应让头发从前面到后面呈现出蓬松的弧度。如果梳短发,就把前面的发梢梳到后面;若是梳长发,则可梳大卷,这样可减少倒三角形脸的单薄感。

适合正三角形脸的发型

正三角形脸的特点是下腭骨凸显,额头偏窄,额头鬓发较长。这种脸形的人,选择发型时,应首先把窄瘦的额头用刘海儿掩饰起来,再留齐肩的中长型发式,但注意不要烫卷,这样才可增加温和感。如果是长发,可将除刘海

儿外的其余头发梳顺后一把抓至头顶后侧位置，扎成一个发髻。前面的刘海儿可留得较长较宽，并且稍微往里卷。此外也可在脑后梳成一束马尾辫。提醒注意的是，正三角形脸的人应避免将头发中分。

适合方形脸的发型

方形脸的特点是下巴凸出，线条略显单调，缺乏柔和感。这种脸型的人，可以剪露出耳朵的短发，使下巴显露出后，再在其他的部位增加柔和感。方形脸的人如想留长发，可烫大卷，把一边的头发夹在耳后，利用卷发的摇曳增添美感；或是把头发梳向一边，增加量感，再留些散发，这种发式多适合职业女性。腮部较大的方形脸者，不要梳半掩脸部的发型，可留短发，再烫卷让其有蓬松感，这样才能在产生美感之余，使个性得以彰显。方形脸的人，如果想留及肩的直发，应尽量旁分或紧贴头皮，因为这种发型多适合那些头发少但发质却很好的人。

适合鹅蛋形脸的发型

鹅蛋形脸的人虽然搭配任何一种发型都很协调，但却缺乏个性。因此，应该利用发型来突出脸部最迷人的地方。虽然同是鹅蛋形脸，但会因眼、鼻、下巴、额头的形状不同而给人以不同的印象。外表温顺的鹅蛋形脸的人，可以剪成两边头发长短不同，发梢稍内卷的发型，这样看上去高雅自然。脸盘儿较大、额较宽的鹅蛋形脸的人，可利用前发来遮住额头部分，前发可以稍向内卷，再把头发梳向两边，这样会给人一种清爽的感觉。颧骨明显的鹅蛋形脸，已经接近菱形，可把头发卷成或烫

成波浪状；也可把头发梳直剪成半长发或短发，以突出成熟感。下巴较圆的鹅蛋形脸的人，为了不使下巴到颈部的曲线看起来沉重，可以将侧面的头发梳到后面扎成一束，或烫成具有动感的波浪卷，这样会显得很清爽。

选择合适的发型也是一门学问，同一种流行的发型不同脸形的人梳，会产生截然不同的效果。如果你看到谁的发型好看，就不顾自身的条件盲目去模仿，这是很不明智的。所以，当一个人选择发型时，应在突出自己个性的同时，让发型适合自己的脸形。

③."染"亮的个性

色彩是表现潮流的语言,不同的发色彰显着不同的韵味和个性。一款适合自己的发色,不仅可以重现生命的激情与活力,还能衬托出肤色以及着装的靓丽。不同的头发颜色有不同的美感,棕色头发显得柔和,让人感觉容易接近;深色头发显得端庄典雅,能强调独特的东方女性美;肤色白皙的人宜选用暖色调发色;而如果你想变得更加富有女人味,则可尝试把头发染成浅棕色。

要根据肤色选择发色

如果你的肤色比较白皙,适合你选择的颜色将会很多,如:金棕色、亚麻色、栗色和红色系等,这些颜色可以增强脸部的明亮感与透明感;选择深色系能使你看上去沉稳干练;选浅色系则可表现出你的青春活力。

如果你是略偏红色的皮肤,就不应选红色或者酒红色等暖色,而应选择深绿色、暗紫色、深金黄色和暗褐色,这些颜色可以映衬皮肤的红色调,使脸部线条更柔和。

如果你的肤色比较黑，适合你的色系只有红色与紫色，因为红色系的发色可以中和皮肤中的暗色调，使较黑的皮肤变得光鲜；紫色系则可以中和皮肤中的黄色调，能将肤色衬得更加明亮。此外，深栗色和深酒红色、紫红色也是一种不错的选择。

黄皮肤的东方人在为头发选择颜色时，切忌用黄颜色，尽管这种颜色显得十分娇嫩，但它却会使你的脸看起来灰暗粗糙，给人一种病态的感觉。而深酒红色则是最佳的选择，因为这种颜色能弥补肤色的不足之处。

要根据职业选择发色

在OFFICE（办公室）办公的年轻女性多适合深栗色、亚麻

色、棕色系,如果再能利用挑染的方法,就会形成发型多变的层次感,在灯光下尤为光彩照人。以上几种颜色如果搭配挑染,就不会显得张扬。需要提示的是,为配合染发的效果,脸部最好化淡妆,因为过于浓艳的化妆会使你看上去有些轻浮,也不符合你的身份;但是如果不化妆,就会显得没精神,使你的染发没有任何效果。

如果你从事的是领导工作或较庄重的职业,如公司白领、职业经理人、电信行业、教师等,则可以选择接近头发本色的深色系,如深棕、深栗、蓝黑、棕褐、暗红、阳光色等。其次,深色的挑染也不错,它不仅可以让你看上去更有活力,还能让人感受到你的积极心态。

如果你是追求时尚的自由职业者,可以尝试选用红色、葡萄红、亚麻绿、深巧克力等颜色,也可选择更加鲜艳的蓝色等,这些颜色会使你看上去朝气蓬勃。当然,挑染仍是首选。如果你不担心路人诧异的目光,那么,整体染色会满足你表现另类的心愿。应该注意的是,要经常留意发色流行风向标,不要离潮流太远。

要根据个性选择发色

第一,智慧型的女性,适合妩媚的酒红色。

妩媚而充满女性魅力的酒红色,特别适合那些重视个性、勇于尝试各种新鲜事物的女性。不论衣着风格如何,如果搭配上酒红色的头发,都可以展现她们活跃的个性与知性魅力。

第二,追求神秘感的女性,适合梦幻的深紫色。

如果你有一头垂顺闪亮的长发但又不想太过张扬,只希望对一成不变的黑色作些改变,那么建议你试试婉丽、高贵的紫色。一头精心染就的紫色秀发，不仅会让你保有独属于东方女性的那种婉丽含蓄的美，而且更能增添紫色所特有的迷离美感。

第三，追求个性的女性，适合动感的浅栗色。

如果你喜欢自由，向往无拘无束的生活，需要缓解由黑色带来的沉重感和严肃感，建议你将头发染成浅栗色。因为它可以给你的秀发增添动感，使你的长发闪现轻盈、自然的光彩。

第四，追求时尚的女性，适合魅惑的绛红色。

时尚而有个性的女子，通常都活力四射，洒脱奔放，强调自我，因此最适合时髦又充满魅惑力的绛红色。绛红色不仅可以让你拥有现代感，还可以恰到好处地衬托出明亮的眼神。

染发是美容的一个重要方面，它不仅可以弥补生理上的缺陷，同时，变化多端的颜色也为发型增添了美感，给生活增添了乐趣。因此，根据自身的条件来选择一款适合自己的发色，可以为你增添无穷的魅力。

4.健康秀发深呼吸

头发生长在最受视觉关注的面部周围,不仅对一个人的整体美起着衬托和改变作用,还是传递活力、生命力的标志和导体。枯涩的、没有生命力的头发总是给人一种晦暗、阴沉的心理感受,而亮丽又富于质感的头发会让人神采飞扬而富有魅力。为此,每个女人都应该细心呵护自己的头发。

那么,怎样才能避免头发受损伤呢? 下面为你提供五项日常护发秘诀:

正确的洗发频率

一头飘逸亮丽的头发,首先应该是柔顺整齐、没有污垢、没有头屑的,所以清洁头发是头发护理中最基本,也是最关键的一步。那么一周洗几次头发适宜呢? 专家建议,根据发质、季节及活动空间的不同,一周洗头4~7次为宜。

油性头发的人,由于头皮油脂分泌非常旺盛,头发易油腻,最好每天洗发1次。这是因为,油脂在头发上长期残留,若得不到及时清洗,极易沾上尘埃,头发表面就会凹凸不平,不仅看上去毫无光泽,而且在活动和梳理时,会直接增加头发之间的摩擦,导致头发发质受损,使头发分叉甚至断裂。

中性或干性头发者,最好一周清洗4~5次,这样可以使头发更粗壮,更亮泽。另外,夏季的高温对经常在户外活动的人而言,其头发更容易受到强烈的紫外线和空气中粉尘的刺激,因此,每天洗头就成为避免发质受损、保持清爽形象不可或缺的步骤了。

保持营养均衡的饮食

种类丰富的膳食能为头发提供足够的营养,从而使头发茁壮地生长。如果蛋白质缺乏,就可能使头发的生长停顿下来,从而导致头发未成熟时就过早地脱落。此外,含碘的海菜类及碘盐、含维生素的食物平时也不可缺少。如青叶菜、菜花、南瓜、豆类、花生米等都能给头发提供足够的营养。

为了护发,除了应当摄取丰富的营养外,还应当注意营养的均衡问题。饮用过量的、过分精制的碳水化合物或者饮酒都可能消耗掉有美发作用的B族维生素。除此之外,平时还应多吃些富含蛋白质和锌的食物,如鲜鱼、羊肉、鸡、鸭、牛奶及蛋类。

每周至少要进行一次深层的护理

由于洗发水很难为头发补充营养物质,护发素也只能够滋养头发一段时间,因此,定期焗油就成了头发生长、保养和修复所必需的步骤。每周做一次焗油发膜,就可以使头发得到深层护理,从而有效地修复头发的干枯、受损部位,防止分叉,并能弥补染发、烫发对头发造成的伤害,使头发柔顺,易于梳理并散发自然光泽。

正确的梳理方法

梳理头发不仅可以除掉干燥的头皮屑,而且还可以将这些雪花状物质连同尘土及发胶等残留物一起除掉。所以坚持长期用梳子轻柔地梳头发,不仅可以直接促进头皮血液循环,刺激皮脂生长,而且还能使头发发出自然的光泽。应该注意的是,梳理时千万不可用力拉,那样会拉断发丝。

确保头皮健康

位于人的头部颅腔内的大脑是人体的指挥系统,许多经络都直接汇集于头部,或间接作用于头部。因此,头皮的保健就显得相当重要。除梳头、洗发外,还应经常对头部的穴位进行按摩,这样可以促进血液循环,促进新陈代谢,增加发根部的血量分布,加速其生长;同时,长期坚持不懈地对头部进行保健按摩,还能保持头发光润亮泽,加固发根,防止脱发。

有魅力的女人一向很注重护发,因为她们很清楚,改善头发的外观和内质是提升女人味的最有效的方法。

5.护发误区，请您在意

追求完美的女性，经常为如何让秀发更加漂亮有光泽而烦恼不已。其实，在日常生活中，影响头发秀美的往往是一些容易被忽视的坏习惯。你只要稍微注意一下处理头发的小细节，就可以轻松拥有一头健康飘逸的秀发。那么，哪些做法会使你的头发受到损伤呢?

经常使用吹风机

头发中所含的水分若降低至10%以下，发丝就会变得粗糙、易分叉，而经常使用吹风机吹发，就会产生这样的后果。弄干头发的最好方法，就是让头发自然晾干。对于那些经常去美容院的人，可以请美发师将吹风机拿远一点儿，不要贴着头皮吹，而且时间也不宜过长。

梳头次数太多

梳理头发可以帮助清理附在头发上的脏物并刺激头皮，促进头皮的血液循环。但是梳理次数过多，反而会伤害秀发。每天梳理30次左右就足够了。

只梳理头发的尾端

正确的梳头方式是从发根缓缓梳向发梢，尤其是长头发的人。如果只梳发尾,往往会出现断发或发丝缠绕的现象。

头发很湿时上发卷

正确的方法是等头发干到七八成时,再上发卷。

洗完头发用力擦干

用毛巾用力搓揉,只会使头发枯涩分叉。应该先用干毛巾将头发包起来,然后轻轻按压,这样干毛巾会自然将头发上的水分吸干。

洗发剂泡沫越多越好

许多人以为,洗发时用力越大,洗发剂的泡沫越多,头发会洗得越干净。其实这样只会使头发更干涩。洗发用品的泡沫不应求多,搓洗时用力要轻。

在头发上喷香水

虽然头发很容易吸收气味,但在头发上洒香水,只能适得其反。因为香水中含有酒精成分,一旦酒精成分挥发,就会将头发中的水分带走,使头发更加干燥。

染发与烫发同时进行

刚烫过头发的人最好过一两个星期再去染发,否则会使头发因负担太重而受到伤害。

卷发时用力上紧发卷

上发卷时过于用力,很容易把头发扯断。正确的方法是,把发卷放在发尾上端，然后轻轻地卷上去，宁可松一些，也不要太紧。

戴着发卷入睡

睡前如把头发卷在发卷上，头发就要承受一整夜的重量和压力，因此不可避免地会受到伤害，所以这一方法是不可取的。

头发干涩时就多抹一些护发乳

觉得头发干燥，缺乏光泽，就多抹些护发乳来解决问题，相信许多人都曾这样试过。事实上，过量的护发乳只会给头发造成负担。要抹的话，只需抹在头发表层即可。

以用力梳头的办法来除掉头皮屑

用梳子的尖端使劲儿刮头皮，的确可以除去一些头皮屑，但是头皮上的角质细胞也会因此而脱落，造成头皮受伤。于是，新的头皮屑又很快产生了。

烫发不满意就再来一次

新烫的发型令人不满意时，有些人会重新再来一次。这样做对头发将造成极大的伤害。对于首次烫发的人来说，烫发时间应尽可能缩短一些，同时，与第二次烫发的时间至少要间隔6~8个月。

任何肤质的人都可以染发

在进行染发之前，要与美发师先进行充分沟通，以确定自己的肤质是否适合染发。此外，最好先作一下试验，不妨先沾些染剂在手腕内侧，如果出现红痒，就证明你的皮肤属于过敏性皮肤，应立即打消染发的念头，以免患上皮炎。

一瓶洗发用品，全家适用

即使是一家人，发质也会不相同。因此，应该各自选择适合自己发质的洗发、护发用品。如果使用不合自己发质的洗发、护发用品，其结果只能是弊多利少。如拥有干性发质却使用油性发质的专用产品，结果只能是把头发上的油脂和水分都洗掉了，头发变得更加干燥。

以上这些损伤头发的坏习惯，你是不是也有呢？如果答案是肯定的，那么就应立即改正过来。

第二篇

生命青春俏容颜

无论何时何地,那些面容美丽的女子"回头率"总是很高,这是因为一张漂亮的脸好像一道美不胜收的风景,让人忍不住看了还想看。在生活中,我们不难发现,那些长着姣好面容的女性,总是令人百看不厌;像磁石一样,自然地吸引着别人的目光。

　　虽然上帝并不是公平的,他没有赋予所有女性同样漂亮的脸。但是有些女性却能靠自己的努力不断改变自己,从而使自己那张并不完美的面容变得美丽起来。

　　有人说:一张完美的面容七分来自天生,三分靠后天养护。既然后天的养护占有如此重要的地位,那么就丝毫马虎不得。应该怎样养护才会拥有一张完美的脸呢?医学家和美容师经过长期研究,总结出了如下的养护方法。

6. 美丽肌肤，美丽女人

漂亮的面容都是从靓丽而健康的肌肤中体现出来的。相反，肤色黯淡，常被各种皮肤问题困扰的女性将和"魅力"无缘了。就像有人说过的那样，即使拥有世界上最华丽的衣裳也比不上拥有一身健康而靓丽的肌肤。完美的肌肤是女人最直观的美，也是女人魅力的重要体现。

那么什么样的肌肤才算得上是完美的肌肤呢？

洁净

洁净的肌肤是完美肌肤最基本的条件。而洁净的皮肤可不只是靠洗脸就能洗出来的。每个人在根据自己的肤质选择不同的洁面产品，掌握正确的洁面方法之后，还要定期去角质、去死皮，定期敷面膜，这样才能把毛孔里面深藏的脏东西清洗掉。

油水平衡

不缺水也不缺油的肌肤才是最健康的肌肤。干燥、脱皮的肌肤会失去美感，给人以衰老的印象；油腻腻的肤质不仅容易长痘痘，还会使人觉得不干净。油水失衡对皮肤的伤害还不止这些呢，如果肌肤长时间缺水缺油，皱纹就会慢慢爬到眼角。油水平衡、水嫩的肌肤最漂亮，皮肤水嫩才能光滑、滋润并富有弹性。

无色素沉着

无论你的肤色是白皙明亮还是健康的小麦色，只要肤色均匀，脸上没有色素沉着，没有斑点，就算是漂亮的。造成斑点的原因有很多，其中最主要的一点就是由于紫外线的过度照射。防止紫外线过度照射，最重要的是做好防晒工作。而防晒可不是只在夏天才要做的功课，一年四季都需要做防晒。因为紫外线并不会随着季节的变化而消失，只是强度不同而已。由于近年来大气层遭到的破坏越来越严重，因此，紫外线的照射也越来越强了。预防总胜于治疗，所以出门前一定要做足防晒的准备。

毛孔细小

粗大的毛孔会让一张脸显得粗糙而失去美感。如果说年轻时油脂分泌过多，会导致女性毛孔粗大；而上了年纪的女人毛孔粗大，就是因为衰老而导致的。毛孔粗大不仅会使脸部肌肤失去细腻感，甚至能改变整个面部的线条，使人加速衰老。而拥有细小毛孔的人总是给人精致细腻的印象，所以细小的毛孔也是完美肌肤的一个要求。

健康不过敏

首先，健康的皮肤不会遇冷遇热就变成"大红脸"；其次，健康的皮肤不会经常为使用化妆品过敏而苦恼；最后，健康的皮肤不会一洗完脸就有紧绷感。谁都想拥有漂亮的肌肤，但如果皮肤很容易过敏,甚至严重到连化妆品都不能用的地步,那美丽就会被痛苦所代替了。

平滑无皱纹

众所周知,皱纹是美容的大敌,尤其是眼角的鱼尾纹最能表现一个人的衰老程度。皱纹的产生,多由于日光中紫外线的照射使皮肤自由基增加,导致皮肤细胞受损,使胶原纤维减少。此外,生活无规律或长期受慢性疾病、不良生活习惯等困扰也是皱纹产生的重要原因。让脸上肌肤平滑,皱纹就会消失;而使用正确的养护方法,就可能让肌肤平滑起来。不过,上了年纪的人除外。因为随着年龄的增长,脸上的肌肤就会慢慢松弛下来,从而出现皱纹。

"一个人的青春期一过,就会进入像秋天一样优美的成熟时期。这时候,生命的果实便像熟稻子一样,在美丽平静的气氛中等待收获。"一位哲人曾这样说过。女人的成熟、优雅以及气质就像一坛酒,会随着一天天的沉淀,而愈久弥香。

魅力女人总是会认真呵护自己的肌肤,因为她们懂得防微杜渐的作用,这就是为什么魅力女人往往能拥有完美肌肤的原因。

7. 勤能补拙，容光焕发

　　女人若想拥有一副美丽的面容，必须在一年四季采取不同的方法来保养自己。那些有魅力的女性无论春夏秋冬，都会显得容光焕发、魅力十足，而不会随着四季的变化而减少魅力，就是因为她们能根据季节的更换，而改变自己的养护方法。

　　一年四季，大自然中的万物都会随着四季的变更而变化，人的皮肤同样也会随着四季的更替而发生微妙的变化，因此护肤方法也要随之改变。所以春季要学会护肤、夏季要学会保养、秋季要学会护理、冬季要学会保护。

春季正确的护肤方法

　　春季是万物复苏的季节，气候开始转暖。

　　在冷暖温差悬殊的初春时节，由于皮脂腺分泌功能尚低，冷暖空气交流会使皮肤一时难以适应。此时，皮肤为了适应由寒转暖的气候变化，会出现长痘痘、红肿、发痒甚至脱皮等现象。此时，应该给肌肤多补水。

　　由春入夏时，人体的新陈代谢开始加快，皮脂与汗液分泌也变得旺盛起来。此时,油性皮肤者应格外注意面部清洁。在饮食上应多吃富含维生素A、维生素B₂的食物和新鲜果蔬,少吃或不吃能诱发春季皮炎的食物,如田螺、荠菜、油菜、菠菜等。此外,生活要有规律,尽量早睡早起,多喝水。

夏季正确的保养方法

夏季,气温升高,气候闷热,很容易导致毛孔扩张,皮脂腺与汗腺的分泌液会大大地增加,从而对皮肤造成损害。

因此,可选用温和、适合自己皮肤的香皂洗面,每天

需进行2~3次的皮肤清洁；要勤洗澡，如果有条件，每天都应洗一次澡；化妆以淡妆为主，化过妆后应及时卸妆，以防毛孔阻塞；外出之前要涂防晒霜，外出时带好防晒帽；被蚊虫叮咬后，不要用力抓挠，应涂抹相应药物进行止痛止痒。

此外，夏天的饮食应以清淡为主，多吃水果和蔬菜，少吃油腻、辛辣的食品，多饮水以补充随汗液排出的大量水分。

秋季正确的护理方法

由于夏季紫外线会给皮肤带来极大的损伤，因此入秋以后，不少人的脸部会突然出现深浅不一的色素斑，对待这些色斑，女人们常常不知所措。

此时，若胡乱使用化妆品会使症状加重。因此，我们在选择护肤品时除注意保湿外，更要注意保养和修复。秋季气候开始转向干燥，人体表皮温度也会随之降低，使毛细血管收缩，皮脂分泌减少，皮肤易变得干燥粗糙。此时，我们应选用滋润型护肤品，给皮肤增加营养，保持水分和养分不流失。

秋季用食物给肌肤"进补"，可选用性味平和的滋补品，如山药、大枣、莲子、龙眼、核桃、芡实、木耳、百合、杏仁等。这些食物不仅有益气补血的作用，更重要的是，这些食品能使你的面色红润。除此之外，还应适当吃一些瘦猪肉、牛肉、鸡鸭肉，喝一些牛奶、豆浆、蜂蜜等，给皮肤增加营养。

冬季正确的保护方法

冬天是对皮肤刺激性较强的季节，此时空气干燥、气温偏低，给肌肤增加了暴露在寒风中的机会。尤其是北方冬季的室内暖气很容易加重皮肤的干燥程度；同时，这是一年四季中汗腺和皮脂腺的分泌最不活泼的时期,因此,皮肤很容易变得粗糙。由于人体新陈代谢能力也随之减弱,皱纹很可能出现在脸上。嘴唇会干燥、脱皮,甚至出现干裂。

冬季最常见的护肤品,多是以芦荟、牛油果、鲨鱼肝、鱼油等多种动植物中的精华成分合成的。由于这些产品都注重保湿、补充油脂的作用,因此对冬季护肤效果颇佳。但使用的时候要考虑自己的皮肤性质是否适合这些产品。

除此之外,冬季还应摄取有营养和能使身体变暖的食物,以促进全身的血液循环。应多吃些富含维生素A、维生素E的食品,这有益于防治皮肤的皲裂。

只要懂得了不同季节的不同护肤重点,充分满足了肌肤的四季需要,就会让自己向成为一个韵味绝佳、魅力四射的女人迈出一大步。

8.借来护肤"东风"——化妆品

　　任何事物,都是在相辅相成下才显出完美,女人选择化妆品时也是如此。一旦选错了化妆品,不仅会使魅力大打折扣,造成的危害也是相当大的。往小了说,选了一种不适合自己的化妆品,不仅达不到理想效果,很可能会起到"南辕北辙"的作用;往大了说,用错了护肤品,轻者会损伤面部皮肤,重者有可能会毁容。要真是这样,健康没了、美丽没了、魅力也没了。所以,一定要选择适合自己的化妆品,才能给自己增辉添彩。

　　选择化妆品要结合自己皮肤的性质,根据肤色和年龄特点,根据自己的喜好,选择不含有害物质的、对皮肤刺激性尽可能小的化妆品。唯有如此,才能让自己更靓丽。

　　油性皮肤的人应尽量选用清爽型的,用后不产生油腻的化妆品;干性皮肤的人则应多用补油补水的化妆品,这样才能避免皮肤紧绷、干燥;对于混合性肌肤的人来说,应准备油性、干性两种不同的化妆品,在不同部位用不同性质的产品;肤色黯淡的人应多用些美白产品,以使自己的肤色更亮白;年龄大的人应多用营养型产品,以及时补充肌肤所需营养,从而把肌肤

调整到最佳状态。

对于一些皮肤易过敏的人就该倾向于选用植物型的化妆品了。因为,纯植物型护肤品的主要成分都是天然植物,没有浓厚的化学合成香味,味道淡雅,甚至无色无味,不容易引起过敏。而且由于植物成分的分子细小,这些化妆品的质地十分细腻润滑,抹在脸上也极易被吸收。

此外,选择、使用化妆品还要注意以下几个方面:

第一,应选用标明有效期的产品。这样,你就能掌握产品的有效使用期,从而远离过期产品的伤害。

第二,不要与他人共用化妆品。因为有很多皮肤病都是通过共用化妆品这一途径传染的,并且别人的化妆品也不一定适合你。

第三,在使用化妆品及护肤品前要先用香皂洗手,防止手部细菌侵袭面部,而且还能避免污染化妆品,以保证化妆品的使用效果。

第四，每6~12个星期要更换化妆海绵及粉扑，如果你有痤疮粉刺的话，更要频繁地更换上述化妆用具。专家建议，痤疮性皮肤者应尽量选用一次性化妆工具，如棉花球、棉棒等。

第五，眉笔、眼线笔等化妆笔要先削后用，这样可以清除存留于上面的污垢及尘埃，避免感染皮肤及眼睛。

第六，不要往润肤霜或化妆品中加水，这样不但起不到稀释化妆品的作用，反而会破坏化妆品的防腐性，致使化妆品滋生细菌而感染皮肤。如果你一定要稀释化妆品的话，可用无油配方的乳液或化妆水先在手掌上将它们混合然后擦用，而且要一次用完。

第七，无论是香水、化妆品还是乳液，使用后都请一定要紧闭瓶盖，以避免挥发。

第八，千万不要在接近眼部及其他易受感染的位置或暗疮部位涂用化妆品，这样很可能会使自己再度受到感染。

第九，应将化妆品储存在清凉、干爽的地方，不要放置在阳光直射的地方，因为高温会使化妆品过早变质。

第十，不要把香水、润肤品及其他化妆品放在冰箱里，因为冰箱里的水汽会影响其品质；此外，低温也会令化妆品油水分离。

第十一，应选用注重卫生包装的化妆品，因为避免外来污染是保证化妆品质量的第一大要素。

总之，选错了化妆品一定化不出完美的妆，一些劣质的化妆品甚至能毁掉女人的皮肤。因此，只有选择对了化妆品，才能正确地保养皮肤，才能化出漂亮的妆容，给自己的魅力加分。

9.一"妆"遮百瑕

越来越多的现代女性,开始重视那种若有似无、自然而且美丽的妆容。因为,对于任何一位女性来说,都希望别人感觉自己是天生丽质而不是靠化妆而变得美丽的。要想使妆容显现出自然的效果,底妆是关键。因此,化一个不露痕迹的底妆总是完美妆容的第一步,也是关键。完美底妆是化妆之始,是美容的基础。那么,该怎样化底妆呢? 一般来说,化底妆主要有以下几个要点:

让瑕疵无影无踪

第一,脸上的瑕疵是一个人最致命的缺陷,因此一定要消除它。消除的办法就是用底妆来遮掩。遮瑕的手法一定要轻。例如,当眼部出现黑眼圈、眼袋这样的瑕疵时,常常有人使很大的力气给眼部遮瑕。其实,不管你的黑眼圈和眼袋有多么严重,都不能过于用力。因为过于用力对遮瑕根本不起作用,反而会破坏眼部娇嫩的肌肤。

第二,不同部位要使用不同质地的遮瑕品。这个道理很简单,因为不同部位的肤质不同,要求遮掩的程度也要有所不同。比如,嘴角就不能用太油腻或太干燥的遮瑕产品,而瘢痕上则正需要这样的产品。遮瑕力不够的产品

不足以掩盖瘢痕等明显的瑕疵,而如果把过于干燥、效果明显的遮瑕品用在嘴角处,就要一笑掉"渣"了。

第三,迅速推开。遮瑕品一般都干得很快,所以,涂在脸上之后要迅速推开,不然就会凝结成块,难以抹匀了。

第四,涂遮瑕膏之前要先上粉底。原因就是让肤色看起来均匀一些。如果只上遮瑕膏,会显得太过突兀;先遮瑕再上粉底,则遮瑕的效果会大打折扣。

第五,蜜粉定妆。整个妆容化好之后,还应该用蜜粉定妆。施蜜粉是遮瑕的最后一道工序,它还能使整个妆容看起来更均匀、自然。

用不同颜色的底霜改善糟糕的脸色

第一,如果你的肤色黯淡、黑黑的没有光泽,那就应选用绿色系的底霜。因为绿色系的底霜能令这样的脸色白皙透明、肌肤有光彩。但要注意:不要在肤色最黯淡的地方加大底霜的用量,否则会形成色斑。

第二,如果由于睡眠不足、挑食等原因导致面色苍白、灰暗,那么应选用橙色底霜为好。因为在两颊均匀地涂抹一层薄薄的橙色底霜,看上去气色就会非常好。

第三,"红血丝真讨厌",你可能这样抱怨过。但用黄色系的底霜即可轻松修正红血丝了。特别是液体的底霜最适合遮盖红血丝,只要用米粒大小就足够了。

第四,如果出现肿眼泡、黑眼圈和发红色斑的情况,通通交给紫色底霜好了。因为紫色底霜能有效改善前面三种状况,让你的肌肤重新恢复鲜润光泽。

快速掌握使用底霜的技巧

第一，涂抹底霜之前，先依次涂上化妆水、乳液、保湿霜，以给肌肤补足水分，从而让整个妆容变得更加自然。

第二，涂底霜应先从两颊、额头等面积较大的部位开始，然后再逐渐向四周涂薄。同时要注意，不同位置的底霜用量也不应相同。正确的涂抹是两颊稍厚，T字部位稍薄。而鼻翼则应加涂一次。这样，鼻翼粗大的毛孔不仅会神奇般地消失，而且不会造成皮肤干燥起皮。

第三，对待眼周娇弱的皮肤，一定要轻抹。应用无名指指腹轻轻推开底霜。这不仅使底霜能产生填平皱纹的效果，还可获得皮肤光洁质感的效果。

第四，如果要想塑造脸部的立体感，单靠一种底霜是不可能做到的，除非有三种以上不同颜色的底霜，才可能塑造出完美的脸形。具体的用法是：在脸部边缘应使用颜色深于肤色的底霜；在额头、鼻梁、眼周则使用略浅色底霜，而最接近肤色的底霜应用来给整个面部打底。

第五，过量的底霜会加速皮肤老化。一般来说，给一张脸打底霜，用一角硬币大小的量就足够了。

第六，最后别忘记用化妆海绵按压整张脸，这样能吸附多余的粉质，使底妆更持久。

完美底妆是魅力女人的"第二层肌肤"。善于化底妆的女人，是善于展现魅力的女人，也是善于修饰自己的智慧女人。

10. "眉"如远山丝丝明

别小看那纤巧的眉毛，因为它们能改变一个女性的外部形象。

眉毛可以说是毛发的一部分，头发可以一长再长，而眉毛只能长到一定程度。那么，什么样的眉形是标准且自然的呢？最标准的眉形应是自眼首开始，至眼眉及鼻翼延长线交汇点为眉毛所在部位，眉峰则在其2/3处。

具体地说，标准眉形具有这几个特点：眉头与眼头的位置须平行；眉峰与眼球外圆部位呈一平行直线；眉毛、眼尾与鼻翼呈一斜直线；眉峰处要呈现最自然的弧度，周围没有多余的毛发。

任何事物都不是绝对的。由于每个人的气质、皮肤、脸形、装扮不同，因而对眉毛的修饰也应不尽相同。漂亮的眉毛要靠自己修饰。如果你喜欢给人以豪爽的印象，不妨把眉毛画得直一点儿；如果你想给人一种聪明能干的印象，可以把眉略微描得竖一点儿；如果你喜欢让别人觉得你温柔，可以把眉描弯一点儿。

描眉前，首先应以眉弓骨为中心来设计眉形。上下平衡的眉形是最理想的，对于不同脸形的人，在此基础上可进行适当改变。

比如：高挑眉，适合椭圆形脸或圆形脸，不适合长形脸；上扬眉，适合方形脸，不适合倒三角或长形脸；一字眉，适合长形脸，而不适合圆形脸。

圆脸形人的眉毛应稍向上挑；长脸形的人眉毛可稍平些；额头较宽者眉形可设计得略长些；眼距较宽的人，可将眉头的位置画近眼角内侧；而眼距过狭的人，则应将眼距拉宽以弥补缺陷。眉尾低于眉头位置时，表情会显得郁郁寡欢，因此把眉头和眉尾的位置画成水平直线较佳；眉毛过于平直的，可将眉头与眉尾的上缘剃去少许，然后再将下缘剃去，使眉毛形成柔和的弯度；眉毛高而粗的，可剃去眉毛上缘，使眉毛与眼睛之间的距离拉近；眉毛太短的，可将眉尾修得尖细而柔和，再用眉笔将眉毛画长些；眉毛太长的，可剃去过长部分，不过眉尾不宜粗钝，宜剃眉尾的下缘，使之逐渐尖细；眉毛稀疏的，可利用眉笔描出短羽状的眉毛，以起到以假乱真的作用；眉毛太弯的，可剃去眉毛上缘，以减轻眉拱的弯度。

总之，眉毛最能表现一个人的性格特点，画眉时如果能将眉形与个人气质、脸形特点和化妆定位结合起来，就能使你的妆容呈现出独有的个性。如果丝丝分明的秀眉与脸形配合得恰到好处，会让人看起来精神舒爽。反之，那些太粗太乱的眉毛，就会给人不精神甚至"面目可憎"的感觉。选对眉形，不仅能对不够完美的脸形起到修饰作用，更能神奇地改变你的精神面貌。

11. "眼"若秋水盈盈波

眼睛最善于表达一个人的神韵和情感。漂亮有神的眼睛总能第一时间抓住别人的视线。眼睛是心灵之窗，也是美丽的源泉，眼睛所表达的美丽是自然不做作的。拥有一双水灵、迷人、富有神韵的眼睛会让女性魅力无穷。

现代职业女性每天身处于干燥的空调办公室内，承受着计算机的辐射、他人的烟熏，或是污浊空气的污染，再加上隐形眼镜以及各类彩妆产品的影响，种种不良因素的叠加，很可能会使自然健康的双眼失去光彩。为了避免这种情况的发生，除应多作护眼运动外，还要多吃对眼睛有益的天然食物。这样，美丽才能从明眸间散发出来。

同时，要想使双眼变得更加楚楚动人，选择一款精致、适合自己的眼妆也是必不可少的。由于每个人的眼睛形状各异，只有巧妙修饰，方会妩媚迷人、富有魅力。在化眼妆时，眼线笔、眼影的选择至关重要。所选的这些眼妆材料既要品质优良、易于上色，又要防水、防泪，安全可靠，即使佩戴隐形眼镜也可放心使用。选好了化妆品，就该给眼睛化一个漂亮的妆了，一般来说，给眼部化妆要注意下面几点事项：

眼影的颜色应该和肤色相配

① 白皙肤色

虽然任何色系都适合,但是粉红色调却更能衬托出皮肤的光洁。

② 偏黄性肤色

可先用偏红的粉底液调整肤色,然后使用棕色、橙色调的眼影会很适合。

③ 小麦肤色

这是一种日光浴后的健康肤色,选用金棕色、绿色、橙色的眼影都会显得很漂亮。

不同类型的眼睛化妆方法也应不同

① 大眼睛

优点是显得明亮、闪动;缺点是给人"一本正经"的感觉。大眼睛的人应选用褐色、灰色系的眼影,这能使眼睛显得清秀深邃。在化妆时上下眼线要整洁清秀,这样就突出了明亮、闪动的特点。

② 小眼睛

优点是显得温和、和蔼可亲;缺点是平淡,不起眼儿。小眼睛的人,化妆时要用暗灰色眼影,眼睛外侧颜色要淡,界限不要分明,而且眼边要深,眼线应略细,这样会使人感觉更加温柔亲切。

③ 吊眼

优点是显得灵敏机智、目光锐利;缺点是显得冷淡、严厉。化妆时应注意:内眼角上的眼影要高,外眼角眼影末端要细,增加暖色；上眼线末端稍微朝下，下眼睑眼角加眼影和眼线，这样就能使得严厉的目光变得温和了。

④ 深眼窝

优点是显得整洁舒展；缺点是年轻时显得"老人相"，而年老时则显得憔悴。深眼窝的人应用亮色眼影，亮色上方加少许发红的颜色(如紫色、粉红色)；凹陷的地方采用暖色(如紫色)，眼线要自然。这样眼部就变得丰满厚实了。

⑤ 垂眼角

优点是显得天真可爱；缺点是给人阴郁的感觉。这种眼睛的人化妆时应在内眼角加眼线，加褐色眼影；外眼角用褐色晕染，下眼线向外眼角挑起，这样就显得老练而明快了。

⑥ 肿眼泡

让人看起来不美观，给人以阴郁、迟钝之感。化妆时，上眼睑涂冷色会显得清爽，暗灰色眼影应呈带状涂抹，眼线要细，这样就会给人一种冷静、聪慧的感觉。

几乎没有哪一个人的眼睛是天生完美的，每个人都有自己不同的特点，因此，需要采取两种甚至多种眼部化妆方法，来改变自己，从而描绘出自己最具魅力的一面。

12. 朱"唇"轻启现风情

柔美的朱唇，一向是美丽女性的特征。千百年来，无论是中国女子，还是外国女子，都喜爱把嘴唇涂成红色，使自己看起来更性感，更漂亮，更富有魅力。

对于女性来说，化唇妆首先要选择合适的唇膏颜色。选用唇膏色一般应与肤色、职业、年龄、唇形、服装色彩结合起来，以个人特点为原则。如粉红色是明亮的色彩，显得甜蜜可爱，适合肤色白皙的少女；玫瑰色也较明亮，显得奔放成熟，适合成熟女性；朱红色是唇膏的代表色，应用较广，显得温柔热情，适合成年已婚女性使用；橙色是红和黄的混合色，使人显得健康乐观，适合青年女性。

但是不论选用什么颜色，一定要尽可能保持唇的自然健康色彩，使其具有真实的肉质感和透明度。在生活中，用较为自然一点儿的口红颜色，不但符合潮流，而且让人觉得舒服。过于怪诞的色彩，虽然风格鲜明、亮丽，但在办公室中就显得不协调了。

嘴唇本身是立体的，从外唇的轮廓曲线到上下唇的起伏，嘴唇显示出一种独特的魅力。但这种立体结构对于每一个人都是有差异的。有的人唇部饱满,而有的人则平板单薄。所以应根据每个人不同的嘴形用唇妆来展现你的魅力。

不同的嘴形展现不同的效果

① 想要加强嘴唇的外部立体感

嘴唇呈半圆形,嘴角深的人,嘴的大结构较明显,而浅平的嘴角会拉平半圆形的弧度。因此,要想加强嘴唇外部的立体效果,就要首先加深嘴角的颜色,然后渐向唇中使色彩渐亮。这样用色彩的明暗对比塑造出来的效果,就具有立体的质感了。

② 想要加强上下唇的立体感

欲使单薄的嘴唇具有一定的厚度,使之显得丰满些,同样可以用明暗色调来表现。应在紧贴轮廓线的部位涂偏深的唇膏,然后逐渐向口缝处提亮,最后在中心部位涂上珠光唇膏。由此形成的嘴形,就显得丰厚饱满,富有立体感了。

③ 想强调红唇的重点部位

上下嘴唇的最突出点呈"品"字形(即上嘴唇的上唇结节和下嘴唇中间的两点,有黄豆大小的三个凸起点如同"品"字)。这三个凸起点明显的人,嘴唇的立体感天生就强。那些三个凸起点不明显的人,则唇形平直。这种唇形的人如果想使嘴唇更加生动,呈现出立体效果,就应该用红色来塑造红唇的重点部位。位于人中线下的上唇结节,是整个上嘴唇的最突出点,可以涂浅亮色口红,并用同样的口红涂在下唇的凸起点上,然后在其余部位涂上略深一点儿的口红。但要注意亮色与暗色的过渡要自然。这样的唇妆就能充分突出嘴唇的"品"字形了。

不同的唇妆可演绎出不同的风情

① 甜美唇妆

将水润的粉红色唇蜜均匀而饱满地涂在双唇上，可使人显得生气盎然，活力十足，散发出震撼人心的清纯与魅力。这样的甜美妆效果可以同时强调女孩的纯真和女人的妩媚。

② 复古唇妆

这种唇妆可以使双唇色泽饱满，唇峰上显出点点珠光，使整个唇看起来鲜艳欲滴、亮泽美丽。这样的唇妆突出了唇部饱满的轮廓和质感，借着淡淡的珠光效果，尽显低调奢华的时尚风格，诠释出女人的浪漫热情和性感风情。

③ 晶莹唇妆

所谓晶莹唇妆，就是要让唇部表现出丰满的效果，通过增加璀璨的光感来增加唇部的丰腴感，让唇部呈现出饱满亮丽色泽的一种唇妆。这种唇妆以精雕细琢的方式描绘出嘴唇，以此来体现嘴唇纯净透明的质感，最终展现出晶莹剔透的唇妆精髓。

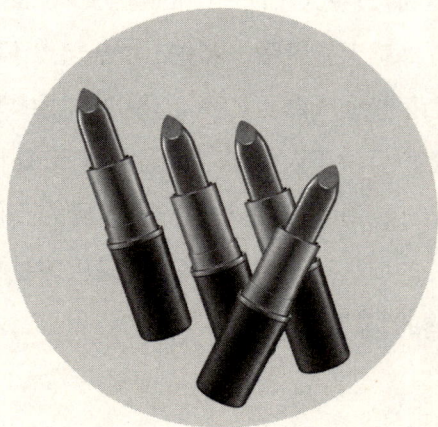

嘴唇毕竟是五官的一分子,它与脸上的其他部分的比例是否协调,是化妆成功与否的关键。另外,嘴唇上妆前需要处理那些因为干燥而起的小皮,因为它会影响化妆的效果。为避免这种情况的发生,就需要经常用润唇膏去保护嘴唇,免得在上妆时,因口红涂得不均匀,造成难看的斑驳感。

　　脸部化妆有色彩的部分通常是眼睛、脸蛋儿和嘴唇,尤其是嘴唇,它是最需要色彩的部分。因为当你与他人用语言交流时,它是最引人注目的地方,不同的唇妆会让人对你产生不同的印象。所以,想要给人留下美好的印象,就要充分掌握唇妆的化妆技巧,只有这样才能装扮出最满意的自己。

第三篇

谁也无法抗拒好身材

拥有曼妙如兰的身姿，美丽纤细的腰身，是每个女人的梦想。因为姣好的身段更容易吸引别人的目光，让人产生愉悦感，从而为自己的魅力大大加分。因此，仅有漂亮的脸蛋儿是不够的，身材更显重要。女人的好身材就像是一道永远亮丽的风景，使女性魅力分外生辉。

13. 窈窕身姿有方法

每一个女人都渴望自己能拥有魔鬼般的身材和天使般的面孔，其实魔鬼身材除了与遗传因素有关外，后天的锻炼和保养也十分重要。只要你在平日里做好自己的塑身功课，日积月累，好身材自然会随之而来。那么，作为普通女性，该怎样塑造自己的身材呢？不妨看一下下面的几点建议。

根据体形塑身

由于先天条件的不同，不可能每个女人都拥有一个腰部与腿部纤细修长、胸部与臀部丰满圆润的好身材。因此，要想做一个美体女人，就要根据自己的体形对症下药，选择适合自己的健身方式。下面就为拥有不同身材的女性提供几种切实可行的健身方法：

第一，梨形女性——适合街舞、踏板操、拉丁健身操。

梨形女性其脂肪主要堆积在臀部和大腿。可选择低强度、低撞击和增强耐力的健身方法，如跳绳、跳低撞击舞、在平台跑步机上行走等，就能消除这些部位的脂肪。要避免大阻力运动，如上坡、爬高，跳高撞击舞、骑高阻力单车等，这些运动会令下肢变得更粗壮。

第二,苹果形女性——适合搏击操、水中有氧操、腰腹操。

苹果形的女性通常手臂和腿部较细,而腹部、腰部和上臀部则较粗。可选择体操、游泳、跑步等全身性运动,也可以选择哑铃操、仰卧起坐、仰卧举腿、俯卧抬头等局部运动方式。主要是着重四肢力量的练习,不要把时间浪费在锻炼腹肌上。

第三,V字女性——适合爬楼、动感单车、瑜伽。

V字形的女性上身较大,腰部有点臃肿而臀部较瘦小。可进行爬高、踏板、有氧操和跑步等锻炼,避免做诸如俯卧撑、举重等使上身强壮的运动,可用下蹲或跨步来强壮下肢力量,使身体上下部分的比例变得协调。

第四,铅笔形女性——适合杠铃操、瑜珈。

这种体形的女性通常有细长的四肢和瘦削的躯干,但缺乏强壮的肌肉。可选择任何方式的运动,但运动量应由轻到重循序渐进,跑步、游泳、体操都能使全身肌肉变得均衡。如果能辅以强壮四肢及腹部的局部运动,再加上饮食调理,身材将会变得更为匀称、可人。

通过饮食塑身

女性如果渴望自己有个健美的身体,在作运动的同时,饮食也必须提上日程,因为它与健美关系十分密切。以合理的饮食保证身体的需要,已经是爱美人士所关注和研究的焦点。美化身体的饮食需要注意以下几方面:

第一,不挑剔食物。

食物中含有的糖、脂肪、蛋白质、维生素和矿物质,能为人体提供必需的营养和热量。因此食物的选取应当多样化、不单调,特别注意维生素的补充和摄入。

第二,不人为破坏食物结构。

许多减肥食品只从降低热量的角度考虑,而忽视了食品的营养价值,从而人为地破坏了饮食的合理性,这是极不科学的。正确的方法是:在降低食物热量的同时,还应该充分考虑食品的营养性。

第三,和运动结合。

饮食过量和缺乏运动都可能影响到体形。因此,在注意合理饮食的同时,还要结合自己的情况制订有针对性的运动方案才对。

第四，不是吃多少都能吸收。

人体吸收的脂肪最高可达到90%，蛋白质为85%，所以并不是百分之百被吸收，因此根据身体的需要合理搭配饮食结构十分重要。

第五，注意营养平衡。

组合糖、脂肪、蛋白质三大营养素，不能偏废。

只有注意了以上的事项，才能使自己拥有健美的身体。

此外，有益身体健康的辅助类食品也应适当摄入，比如四高食品：高水、高纤维、高维生素（A、E、C、B_5、B_6）和高抗氧化剂——水果、蔬菜、瓜类都应有。平时的饮食中应尽可能多地摄入鱼肉及海生植物类、豆制品、乳制品（脱脂、加酶、发酵过的较好）、各种坚果、子实类、胶冻、五谷杂粮等。与此相反，有几种食品要尽可能少吃，那就是精面，精米，肥肉，动物油，油炸食品，经过熏、腌、泡的食品，盐，糖，咖啡，各种碳酸类饮料，酒和含各种食品添加剂（如含香精、食用色素、防腐剂等）的食品。

最后，还要记住慎用各种减肥药物，以免不经意间损伤了肝肾功能。

总之，只有根据自己的体形加以锻炼和通过合理的饮食加以调节，才可以塑造出窈窕多姿的曼妙身材。

14. 锦上添花塑美颈

　　匀称健美的颈部是女性美的重要标志。很多女人都善于把自己的脸修饰得十分年轻，却忽视了同样重要的颈部，殊不知你的颈部也起着向外界透露年龄信息的作用。一张年轻的脸配上一个满是皱纹的脖颈儿，是极不协调的。所以，只有把你的颈部护理得跟你的脸一样年轻，才可为漂亮的脸蛋儿增辉。

　　由于颈部的皮肤和脸部皮肤差不多，所以你不必去买专门的营养素，那些适用于脸部的护肤品，包括化妆水、乳液、营养霜，对颈部同样适用，使用的方法和程序也跟面部护理一样。此外，若想拥有挺拔的颈部，还应借助颈部健美操来提高颈、肩、背部肌肉的力量和灵活性，这样才能有效地预防颈部肌肉松弛、老化或过早出现皱纹、"双下颏"等。同时，颈部健美操还起着加速脑部血液循环，改善脑部血液供给，使人头脑清醒、聪颖的作用。

　　此外，长期坐办公室的职业女性，如果不注意预防，很容易患上颈椎病，而颈椎病的产生与运动不足有着密切的关系。因此，爱美的女性，平时应该多注意对颈部的锻炼，这样不仅能使颈部更加美丽，而且也让自己更健康。

15.丰腴**双臂**,自信飞翔

丰腴而富有美感的双臂,是一个曲线优美、风度优雅的魅力女人所不可缺少的。

女性标准的双臂,应该是微微后倾且自然、从容下垂,这样的双臂不仅能勾出女性的线条美,而且能把双乳衬托得更加丰盈、迷人。此外,女性的上臂外侧要比男性多出一块可勾画女性优美弧度的肌肉,这不能不说是上帝在创造女人时,就注意到了圆润的双臂是女人美丽的重要条件。试想,如果有了丰美之胸,而双臂却像棍子一样没有圆润的曲线该有多么可怕。因而,臂部线条是身材曲线美不可缺少的一部分。对女性来说,拥有迷人的臂膀尤其重要。

通常,娇柔的双臂应符合以下标准:

结实、圆润,没有赘肉,皮肤表面没有小疙瘩,肤色均匀,肤质细腻有光泽,呈现优美的弧线。

然而,由于手臂是日常生活中活动最多的部位,其伸展的方向又大多是前面或侧面,不常使用的部位极容易堆积脂肪,尤其在25岁过后更加明显。因此,若想使自己的双臂永远圆润迷人,就得经常进行锻炼和作一些日常护理。

日常家庭按摩护理的动作要领

作按摩时,先从手臂外侧由下往上、再从内侧由上往下进行;然后拍上营养水。如能用加了纯净水稀释的蜂蜜进行按摩、拍打,效果会更好。按摩不仅减缓双臂一天工作后的紧张疲倦状态,而且会使臂部肌肤得到有利的呵护。

日常家庭按摩护理的时间

按摩护理应每三天左右做一次,每次40分钟。

另外,还要坚持作其他的运动,塑造健美臂膀。

拥有圆润迷人的美臂,不仅可以使女性的形体更加流畅、舒展,还可以为魅力大大加分。因此,只要持续做运动,细心地呵护自己的手臂,拥有美臂就不会是梦想。

16. 你也可以拥有挺拔"双峰"

乳房，是女人最重要的生理特征。女性的乳房是集哺乳功能、性感功能及特有的女性美象征为一体的器官。在讲求"健康就是美"的现代社会里，女性乳房"美"的功能已渐渐成为界定美女标准的重要条件之一。

柔和而丰满的线条、结实挺秀而有弹性的轮廓，总是给人无限的视觉美感。决定乳房形态美的要素主要有形体、大小和位置等。胸不在大，圆润、挺拔则美。一般来说，女性乳房的完美主要体现在以下几个方面：

第一，半球形、圆锥形的乳房是属于外形较理想的。

第二，乳房微微向上挺，厚约8~10厘米。

第三，乳晕大小不超过1元硬币，颜色红润粉嫩，与乳房皮肤有明显的分界线，婚后色素沉着为褐色。

第四，乳头应突出，不内陷，大小为乳晕直径的1/3。

拥有丰满、曲线分明的胸部，虽然是每个女人心仪的事情，但是并不是每个女人天生都能长就完美的胸部。要想塑造丰盈的胸部，除了应使用一些起保健作用、质量上乘的健胸用品外,还有一种绝对安全又有益的方法,那就是运动。虽然乳房本身没有肌肉,不会由于运动而使乳房变得坚挺,但乳房上面是胸部肌肉,却可以通过运动来使这部分肌肉得到锻炼,从而达到美胸的效果。为达到最佳效果,须每周训练两次,保证运动前后的热身、放松和舒展。下面向你推荐几种简便易行的丰胸运动。

使用扩胸器达到美胸的效果

选择一个适合自己的力量值,根据身材的高矮调整好座椅的高度,使手臂弯曲后刚好与胸部持平。然后将把手慢慢拉向胸前直到两个把手的距离与肩同宽,再慢慢将两个把手按到可以碰到胸前的位置。在这个位置保持两秒,然后缓慢地将把手回至原位。注意控制运动速度,每套做15个重复动作,每次完成3套动作。

向下俯卧撑运动丰胸

两手放宽,将双脚撑在一个长凳上。脚尖并拢勾住长凳边缘,使身体向下垂直移动。移动时保持躯干和双腿的挺直。将手臂弯曲到90度,然后缓慢下降身躯,直至胸部触到地板为止。当感到胸部肌肉伸展时,再缓缓向相反方向返回至原位。为了保持胸部肌肉持续的紧张状态,在移动到最高点时,不要完全挺直肘关节。试着慢慢做8~12个重复动作,如感到有困难,可把脚放在低一些的长凳或地板上。

每次拉绳21次使乳沟加深

在拉绳器每边放适量重物,双脚并拢垂直站立。将拉绳器绕过背后,双手抓住把手。肘关节弯曲,腹部收紧。慢慢将两个把手斜拉向下作弧线运动,使双手在小腹处交叉。用拉绳器的拉力将手臂向上、向外拉回到原位。重复7次。

拉绳。将手臂抬高使双手在胸部的位置相接触,挤压胸部肌肉使自己感到乳沟处收缩,再缓缓回至原位,重复7次。当做最后7个重复动作时,可将双手抬高到双眼的位置,再多做一套这个练习。

仰卧飞鸟运动使乳房更加坚挺

平躺在长凳上,小腿自然下垂使脚触地;两手各拿一个5~8磅(约2.3~3.2千克)重的哑铃,向身体两侧伸展手臂,在运动过程中使肘关节保持一定的弯曲。在开始时要抓紧哑铃,同时上臂与凳面平行。

慢慢向上举起哑铃,运动路线呈弧形,就好像你要拥抱一棵大树。在颈部将哑铃碰到一起,然后缓缓沿原路线使手臂回到开始的位置。在手臂抬起和放下的过程中不要弯曲背部。控制运动速度,每套做15个重复动作,每次完成3套动作。

通过以上训练可使胸部保持完美形状。如果能使得这个由各种组织和脂肪组成的"天然乳托"更加坚挺、结实,乳房就会显得更美观。

此外,还可以通过作胸部按摩和摄入有利于胸部发育的食物来丰盈胸部。不过,需注意的是,任何事情都贵在坚持,只有持之以恒地从各个方面来塑造坚挺而富有弹性的胸部,你才可以成为一个"双峰挺拔"的魅力女人。

17. 魂销倩影——"背"也迷人

女人的面孔是天生的,而女人的完美背部则是由自己塑造的。有人说,女人的背部是性感之丘,是女人魅力不可缺少的一部分。的确,女人的背部,往往会令人生出许多遐想。有时候,走在大街上,男人压根儿没有见到你的脸蛋儿,却会为你的背影而心动。一副面孔只用几分钟就能被化妆师变得年轻美丽,但没有任何一个化妆师能在几分钟内给予女人一个青春美丽的后背。要想做个"风情万种"的魅力女人,就赶快修炼自己的背后风景吧。至于如何塑造自己的完美后背,不妨参考以下几个小建议。

要清除背部难看的小斑点

除了脚底的肌肤之外,背部肌肤是全身最厚的部分。也正因为如此,背部的循环代谢能力通常较弱,脂肪及废物亦比较容易堆积而形成粉刺。想要拥有完美的背部肤质,可利用深层洁肤膜来清除毛孔中的脏污。另外,若担心洁肤膜会使毛细孔变粗的话,可在清除洁肤膜后,再洒上一些收敛水。

去除背部的角质

后背的肌肤上分布着许多皮脂腺,天气闷热时就会出现皮脂腺分泌过剩的情况,进而阻塞毛孔,造成毛孔粗大,形成青春痘或暗疮。想避免这种情况,就要经常去角质。

具体办法有,每周进行一次全身的特殊护理。可以取适量果酸产品或去角质霜敷在背部轻轻按摩,也可选用硫磺香皂,或消炎的精油(如茶树油、薰衣草油等)加入水中使用。这样就能很容易除去阻塞毛孔的污垢和代谢废物,消除肌肤表面的粗糙和硬化现象,使背部变得光滑细腻。之后如再能使用含有海盐成分的海泥敷体膜,除能美肤外,还能起到安定神经、舒缓精神的作用。沐浴时如果无法直接用手来清洁背部,可以借助专用的长柄浴刷轻轻擦洗,或使用丝瓜络,这些都非常方便、实用。浴后若拍上去角质化妆水,可促进老角质脱落,并抑制油脂分泌过剩,使肌肤变得清爽洁净。接下去,就是为清洁后的背部做深层去角质的工作了。这项工作除可以购买磨砂产品自己做外,也可以选择一家信誉良好的美体俱乐部来享受专业服务。背部特殊护理的最后一项工序是,选用水性的身体乳液为背部保湿,以使它紧实、细腻。

做背部运动,增加背部紧实度

许多人在工作时,身体往往要保持一种姿势好几个小时,如果背部肌肉长时间不活动就会变得疲惫、僵硬,类似突然转身这样的激烈动作就会使它受伤。每当工作结束后,我们最喜欢的姿势就是瘫坐在椅子上,以为这样就能使全身放松,得到休息。其实这种姿势给背部肌肉带来超负荷的负担,远超过正襟危坐。所以每天应利用睡前10分钟做背部伸展运动,这不但能让背部肌肉充分放松,也能顺便增加背部肌肉的紧实度。此外,还可以通过选择有针对性的运动来塑造完美的背部,也可

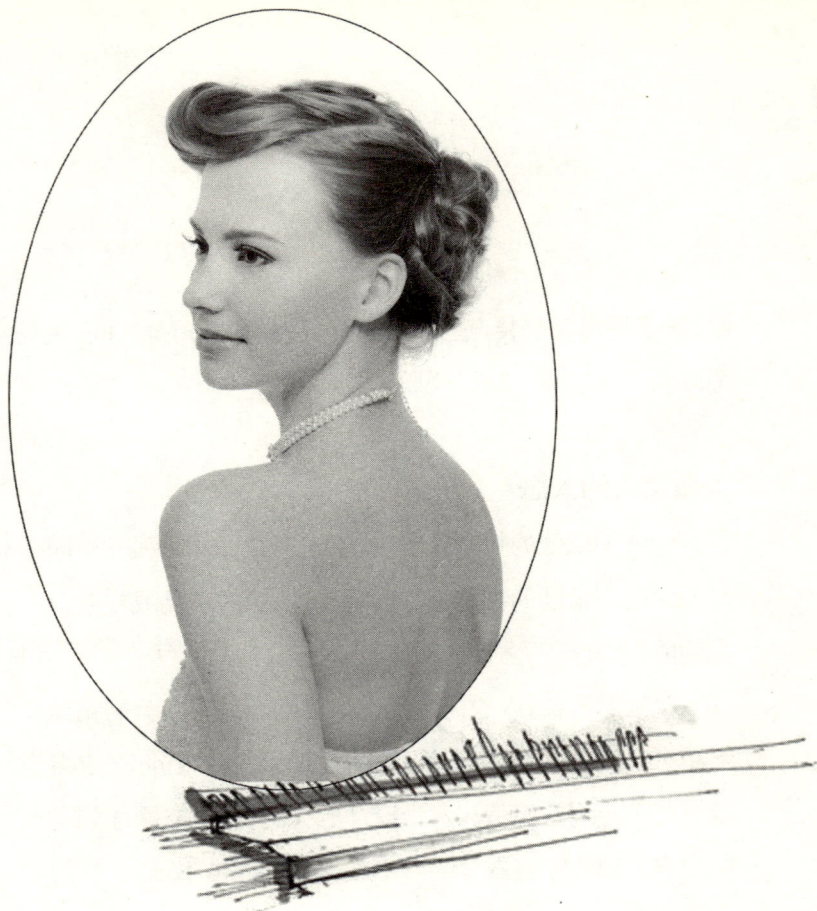

以自己在家学习模特的方法用头顶书，以帮助脊背伸直。

有些场合要装点后背

　　背部的修饰方法很多。对于那些背部皮肤较好的时尚女性，可选用身体亮粉，使肌肤质感细腻而光滑，散发出微微的光泽。当然，并不是每个人的背部都光润亮泽、毫无瑕疵，人们的背部难免会存在一些小斑点或毛孔较粗、肤色不匀等问题，因此，有这些问题的人一般来说不适合穿露背装。如有些场合一定要穿露背的晚礼服时，可选用与脸部同色的粉底来修饰背部。方法是先用粉底乳薄涂，最后以蜜粉来定妆。平时，可直接使用蜜粉来修饰，这种效果既快又好。对于前卫一些的女性，还可选用身体彩绘、亮片文彩、水晶

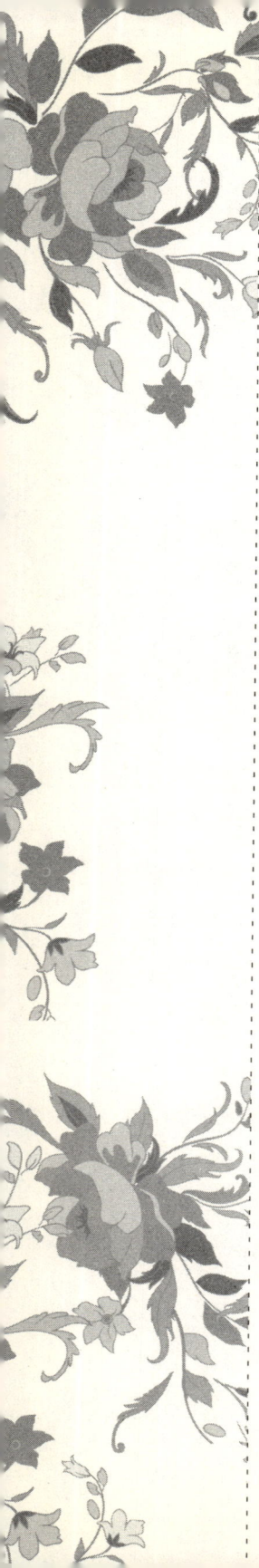

贴,甚至是文身来装点后背,这可以让你在一转身之间,艳惊众人。

美背女人的大忌

让背部松弛的赘肉露出来,不但不美,还很丢面子。因此要保持经常性的锻炼,并选用紧实肌肤的产品或专业美容院的护理疗程,才可让你脸上有光。

穿着露背装,内衣的选择也很重要。如有完美的胸部当然可以抛弃文胸,完整展示美背。如果没有,那你一定得选择背部透明的肩带和背带设计的文胸,或可在腰部固定的内衣。因为穿着露背装露出文胸带子非常不雅。

一个拥有美背的女人,她一定不会懒懒散散的,即使坐在沙发里也不会像散了架似的瘫着。优雅的女人虽然不一定长得花容月貌,但也一定不会是驼着背、拖着臃肿身体走路的女人。

18. 柳*腰*纤纤这样来

　　腰是身体的中心部分,腰部的动作不仅体现着全身的优雅与韵律,而且也承载着身体相当一部分的重量。好的腰身,婀娜柔软,予人以无限美的感受。因此,柔美的细腰成为女人千古不变的追求。古人称美人腰为柳腰,柳腰之所以迷人,在于腰的细能更好地衬托出高耸的胸和丰满的臀,让上高下圆的双曲线更加诱人。因此要成为一个魅力十足的女人,纤细柔韧的腰身必不可少。

　　通常来说,完美腰部的标准应该是:

　　腰身必须和整个身材搭配适宜;

　　腰身一定要轻盈灵活;

　　腰部线条紧致,皮肤不松弛,不能一捏有一大把赘肉。

　　要使自己的腰部符合健美的标准,就必须经常参加体育锻炼,注意饮食。有些人由于平时不注意运动,又喜欢躺坐,加上营养过剩,致使腰部皮下脂肪堆积过多,肌肉松弛,造成外观臃肿,影响了形体美。因此,爱美的女性应在全面锻炼身体的基础上,再重视腰部锻炼,以增强腰肌张力和柔韧性。如果腰部过粗,只要坚持长期运动,再适当减少食物热量,就可以逐渐变苗条。

　　尽显腰部的美丽与健康的几项措施:

简单收腹运动

这个运动虽然简单,但非常有效。可躺在地上伸直双脚,然后提升、放回,不要接触地面,重复做15遍。

运动密度:每日保持3~4次,每次15遍。

仰卧起坐练正腹肌

膝盖屈成60度,用枕头垫脚。右手搭左膝,同时抬起身到肩膀离地,做10次后,换手再做10次。

呼吸练侧腹肌

放松全身,用鼻子吸进大量空气,再用嘴慢慢吐气,吐出约七成后,屏住呼吸。缩起小腹,将剩余的气提升到胸口上方,再鼓起腹部将气降到腹部。接着将气提到胸口,再降到腹部,再慢慢用嘴吐气,重复做5次,共做2组。

转身练内外斜肌

左脚站立不动,提起右脚,双手握着用力扭转身体,直到左手肘碰到右膝。左右交替进行20次。

以上方法须每天坚持练习,只有持之以恒才能显出效果。但如果你正急着赶赴一场约会,那么不妨记下这些规则和小技巧,它能帮助你在12小时内腰围迅速减少3厘米或更多,让你在和心仪的他约会时散发迷人风采。

多喝水,少喝碳酸饮料

经常喝碳酸饮料,会助长你的"将军肚"。

不要吃薯条

薯条的主要成分是淀粉,淀粉是高糖物质,常吃高糖的东西就会发胖,导致腰身过粗。此外,不要吃含盐量过高的食品。因为盐分会保持水分,尤其是在生理期前。而水分会增加体重,从而影响锻炼效果。

不要一直嚼口香糖

嚼口香糖会随之吞下过多的空气,肚子也会因此而发胀鼓出,从而影响到腰部。

长期便秘也会影响腰部

如果感觉排便不顺,可多喝咖啡或一些通便的保健垫中药。每天一杯或两杯咖啡有助于通便。

内衣束身

束身内衣、高腰束裤或腹带,可以使人看上去瘦2.5厘米或更多。内衣的束身效果虽然很好,不过,多余的赘肉会在过紧的内衣里凸显出来,所以要避免长期穿太紧的内衣,否则会影响健康。

选择合体的服装

如果衣服太紧,就会使肉肚子暴露出来;如果衣服过于宽松,会显得体态臃肿。所以,合体的服装非常重要。它不仅能把自己身材最好的部分显示出来,还能把别人的注意力从你发胖的腹部转移开。若手臂漂亮,那就穿一件无袖的衣服;若小腿匀称,那就穿一件超短裙;若有迷人的肩膀,那就穿一件细吊带或干脆无吊带的上衣。

穿能掩盖自己缺陷的颜色

无论什么颜色，让它能在你的身上显出光彩，弥补缺陷，就是合适的颜色。最好的办法是用统一的颜色来搭配服饰，比如上衣、短裙或长裤和鞋子是同色系的。此外，如果腰部过肥，应尽量选择深颜色的服饰，这些颜色会让你看起来更苗条些。

选择不会凸显腹部的面料

丝绸、针织服装以及表面粗糙的运动衫通常都会有很好的掩饰效果，它们会让腹部显得平坦些。

别忘了穿上高跟鞋

因为穿高跟鞋不仅能使你看起来更挺拔，走路时还会提醒自己收腹。

以上这些方法，只能应一时之需，起不到根本的作用。塑造完美的腰肢没有什么捷径可走，唯一的法门就是运动，只有持之以恒的运动才能消除腰部的脂肪赘肉，凸显出腰部的曲线，令肌肤充满弹性，散发出迷人的魅力。

19. 平坦 **小腹**，性感十足

突出的腹部在很大程度上是影响女性形体美的重要因素。因为腹部处于身体的最中央，很容易引起他人的注意。如果缺乏锻炼，腹部最易堆积脂肪，形成大肚腩。所以，真正健美的腹部应由细而有力的腰和线条明显的腹肌构成。平坦而结实的腹部不仅会使女性看起来性感十足，还有助于促进自身消化功能。而一个大腹便便的女人，即使有着最漂亮的脸蛋儿，也不会让人有"惊艳"的感觉。

坚持你的腹部锻炼

如果每天做一做以下运动，一个月后，或许你会得到一个惊喜。下面就为你提供几种运动方式：

① 侧身弯腰运动

直立。双腿分开，两臂左右平举，上体前屈，用左手指去碰右脚，右臂自然上举，两腿和两臂都不得弯曲，吸气，然后还原，呼气。再换一个方向，重复一次。连作8次。

② 屈腿运动

仰卧位。双臂左右平贴地面，两腿伸直后同时屈膝提起，吸气，使大腿贴

近腹部;然后呼气,缓缓还原。重复8次。

③ 举腿收腹

主要是形成下腹部肌肉。上身平卧,腿伸直并尽可能抬高,接着再缓慢放下。这一节做完后,双膝弯曲继续做同样的动作。重复8次。

④ 坐式屈团身

主要为发展上、下腹部肌肉。伸直膝盖,上身后仰,保持身体平衡,然后屈膝收腹,使腹肌极度折屈。练习中,脚始终不能触及地面。

⑤ "踏自行车"运动

仰卧位。轮流屈伸两腿,模仿骑自行车的动作。注意速度要快,动作要灵活,屈伸范围尽量大。每次做20~30秒钟,然后再重复。

⑥ 扭腰

一手握把手或拉一定重量的重物,做各种姿势的扭腰和转身练习,以锻炼腹外斜肌和腰部肌肉。

以上运动,各人可以根据自己的情况选用,并根据体力状况每次运动量由少至多,逐渐增加,每天进行2次。

科学的饮食与良好的习惯能保持腹部美丽健康

在日常生活中,如果能稍稍注意饮食及习惯,那么,平坦的腹部也可能长伴左右。这是因为,许多人的肠胃都很敏感,特别是女性。由于受消化道黏膜的激素感受器的影响,会导致经常性肠道功能病,被人们称之为结肠炎。日常预防的方法是吃饭时姿势要端正,细嚼慢咽,环境要安静,咀嚼要够充分。如果"囫囵吞枣",不仅影响食物消化,而且还会让腹部快速增长。

因此,要拥有平坦的腹部就要注意以下九大要素:

① 食物要煮得充分

现在的时尚烹饪是流行半生不熟,其实这是一种错误的方法。因为这会导致淀粉无法得到充分加工,使大多数蔬菜与谷物中的淀粉糖聚集于大肠中,从而产生二氧化碳,导致腹部隆胀。如果食物煮得充分,就可避免这种情况。

② 选择有助于消化的食品

酸奶与发酵的牛奶能激活消化中所必需的物质,有助于改善肠道微生物系统,从而防止腹部隆起。

③ 少喝带"气"饮品和少嚼香口胶

喝带气的饮品或嚼香口胶时,会吞食很多空气,特别是香口胶中含有的多元醇,很难被小肠消化,从而引起腹胀。

④ 增加矿物质的摄入,避免经前综合征

如果你觉得腰围在月经前要比平时粗大,可以吃些富含铁（水果、干果）、钙(奶制品与矿泉水)、锌(红色肉、鱼、贝类等)的食物,这些食物中含有的矿物质能帮助你平衡激素,避免经前综合征。

⑤ 坐姿要端正

平日要长期待在办公室的职业女性,坐姿绝对要端正,比如不可以驼背、脚也别"帅气"地到处乱摆,因为端正的坐姿不仅让仪态更佳,也可以让你的腹部及臀部保持着紧张的状态,从而使臀线和腹线不变形;同时,腿部曲线也会因此而得到修正。

⑥ 不要忍便

因为这样很容易使肚子胀气。如果忍便成为习惯,还会让直肠黏膜变得迟钝,甚至会形成习惯性便秘,长期排便不顺畅,那么小腹自然会逐渐成长起来。消除的办法是,早晨起床时可以先喝一杯水或低糖冷饮,午餐时再多吃些蔬果类,以达到促进肠胃蠕动、产生便意的功效。

⑦ 运用腹式呼吸法

腹式呼吸的方法其实很简单：当我们吸气时，肚皮涨起；呼气时，肚皮缩紧。虽然刚开始可能不太习惯，但一旦习惯后就有助于刺激肠胃蠕动、促进体内废物排出，此外也能使气流顺畅，增加肺活量。

⑧ 要时刻注意缩腹

平常走路和站立时，要尽量用力缩腹，再配合腹式呼吸。这种办法也许前一两天会觉得很辛苦，但日子一久，形成习惯以后，你就会收到良好的效果，发现自己的小腹肌肉变得紧实了，从而达到瘦身的功效。

⑨ 勤走楼梯

勤走楼梯，可以帮助你收腹练腿，消除大腿及腹部的赘肉。

平坦而结实的腹部不是一朝一夕就能练就的，但若想成为一个腹部平坦的魅力女人，就必须持之以恒，用心塑造。

20. 注目你诱人的翘臀

臀部之美在于丰满、圆滑且富有弹性。一个美丽诱人的臀部,其轮廓应该是明显地隆起,形成柔软的波浪形,臀部下面弯入的由线柔美、圆浑、紧凑。西方人常用"满月"来形容女人的臀部美;而东方人则形容女人的臀部是"一座能旋转的天堂"。一个拥有紧翘臀部的女人的确能给人以美感,让人感受到女人莫大的性感。

其实,女人的臀部并不只要求丰满,微翘、浑圆,它还有更细的界定。

美臀的标准

臀部要有一点儿上翘,前凸后翘,是评定美臀的重要条件。

整个臀部的大小要均衡,必须与身体比例协调,绝非大就好,当然太小也不合格。

臀部必须紧实浑圆,走起路来不可晃动得太厉害。

肤色白皙、细腻、有弹性,不能有太多脂肪,但也绝非嶙峋见骨。

挺翘浑圆的臀部的确令人向往,但如果你"先天条件"不佳也不要过于失望。一般而言,亚洲女性因为体形差异,臀部原本就以平扁居多,不像西方女性那样,几乎人人都拥有一个圆滚挺翘的臀部,只要你在生活中处处注意就会使你的臀部缺陷得到弥补,使臀部看起来更动人。

保持臀部美丽健康的三大措施

① 坐姿

斜坐是典型的影响臀部形状的坏习惯。斜坐时压力往往会集中在脊椎尾端,使血液循环不畅;再把上身重量全压在臀部这一小方块处,长时间下来就会导致臀部变形。正确的坐姿是背脊挺直,坐满椅子2/3处,将力量分摊到两侧臀部及大腿处。此外,尽量合并双腿,因为开腿姿势太久会影响骨盆的形状。坐时如能踮起脚尖,对臀部形成流畅的线条也有着非常好的作用。

② 站姿

长时间久站会使血液不易回流,从而造成臀部供氧量不足。不仅会影响到新陈代谢,还可能引起静脉曲张。挺背提肛举腿是良好站姿的基本要求:背脊挺直,缩腹提气,这可收缩臀部。需要长时间站立的职业女性,请务必不时做做抬腿后举的动作,一小时内至少要偷闲做五分钟。

③ 摈弃不良习惯

抽烟、喝酒、熬夜,不但会让你面色欠佳,容易衰老,对臀部同样有坏处。因为这些不良习惯会使新陈代谢不良、结缔组织松弛。想拥有丰盈圆润的臀部就必须拒烟、少酒、早睡早起、经常运动和保持有规律的生活。

④ 饮食

高热量、高甜度、口味重的饮食方式是造成肥胖的主要原因。日常要以低盐、高纤维、好消化的食物为主。保持苗条身材,臀部自然有形。

⑤ 塑身内衣

如果长时间地穿着单薄且没有支撑力的三角内裤,随着年龄的增长,臀部就会因为弹性纤维组织松弛、支撑力不够而下垂。那些有弹性的塑身内衣,特别是可提升臀部的款式,对美臀很有作用。

女性臀部的健美与腰部的线条、胸部的丰满同样重要,只要平时养成良好的生活习惯,再坚持作长期美体塑身运动,那么,拥有完美的臀部曲线将不再是难事。

21. 亭亭玉立, 塑造出来

　　漂亮的双腿是女性美好身材的一部分。无论是亭亭玉立的静态美,还是轻盈矫捷的动态美,都与腿的健美密切相关。所谓腿线,是指从大腿根到足颈的一段距离。腿线美着重是看腿的长短比例与肌肉的弹性及光洁程度,这是决定腿部美丑的两大要素。腿直是线条美的重要条件。当两腿并拢时,大腿内侧、双膝内侧、小腿内侧和脚踝内侧能贴在一起,即谓腿直。一个面容姣好、身材匀称,又拥有一双修长玉腿的女人,无疑是最具魅力的。

　　健美的双腿应该是从上向下逐渐变细的,膝关节部位挺直,柔韧性好,腿部肌肉坚实有弹性而不粗壮。

打造美腿的秘诀

　　常做耐力性的健身操及针对腿部的锻炼,并经常做避免关节的剧烈运动及腿部爆发力的练习,才是正确的锻炼方法,否则腿会越练越粗,从而影响腿部的美。

注意饮食合理是美腿的重要部分

塑造修长的美腿，营养的均衡也非常重要，节食、蛋白质类食物摄入过少，都会使双腿过瘦；脂肪、碳水化合物摄入偏多，而蛋白质类食物偏少，则会给脂肪积累提供一定的条件。

以下物质对塑造美腿必不可少。

维生素B_1：它具有维持肌肉、神经等系统正常功能的作用。富含维生素B_1的食物有谷类、豆类、酵母、干果、硬果、动物内脏、瘦肉、蛋类等。

维生素B_2：它参与蛋白质、碳水化合物的代谢。富含维生素B_2的食物有动物内脏、鱼蟹、蛋类、干紫菜、干口蘑、黄豆、豌豆、酵母等。

维生素B_6：它是脂肪代谢所必需的辅酶的重要成分。富含维生素B_6的食品有动物肝脏、鸡肉、牛肉、猪肉(瘦)、胡萝卜、香蕉、葡萄等。

形体美，缺不了一双修长的美腿。因此，要做一个魅力女人，就必须拥有一双修长的玉腿。

第四篇

穿出自己的第一张名片

衣着是与他人交往时的无声"语言"。在与人初次交往时，通过你的穿着，别人就会在脑海里形成对你的第一印象。此外，衣着也彰显着一个女人的魅力，是女人气质的重要组成部分。有人说："衣服的色彩是善感多变的性情，面料是起伏跌宕的乐章，款式是气质与风格的建筑，品牌是快乐而丰富的迷药。衣装是理性与感性之间的游移，是体现魅力、优雅的主张……"

在西方，对衣着尤为重视。几乎每一个国家的总统和夫人、每一个世界级大企业家和实业家都有负责礼仪着装的私人服装顾问。衣着给人的第一印象，已经成为与他国沟通的很重要因素之一。公众在关注来访首脑及那些名人的同时，也在评论着他们的举止与着装。虽只是瞬间，却是永恒而不能改变的历史。所以，着装不仅是人的第一张名片，也是企业、民族乃至国家的第一张名片。

每一个女人都应该学会如何用衣着来展现自己的独特气质。因为，只有内在的气质与外表一致，才会使旁观者产生"十分有气质""魅力十足"的印象；而掌握了服饰搭配的原则，了解了自身的个性、风格，知道怎样着装适合自己，才会达到这样的效果。

22. 气质着装，你做主

由于每个人的身材、喜好、职业特点不同，着装也不应该追求相同。因为，魅力是一种统一、和谐的美。如果一个人的着装不符合以上条件，就会显得突兀，而让人难以接受。相反，如果一个人的穿着打扮与自己各方面条件完美契合，那么，魅力也就自然彰显出来了。下面根据女性不同的气质，提出一些小建议。

独特型

对于个子高挑，在人群中很显眼，很容易引起他人注意的女性，因为有较好的身材条件，所以适合穿戴独特、夸张的服饰，如大长风衣、高筒长皮靴、豹纹衣饰等。就像很多T形台上的模特儿适合的那种装扮。

自然型

自然清爽的女子，全身透露着纯洁、童真的气息。因此，具有这种气质的女性适合穿棉、麻、毛等面料的衣服；服装款式最好简单、略为宽松；而不适合闪光金属色的面料。比如著名演员徐静蕾就是这种类型。

古典型

具有古典美女气质的女性应该穿着线条流畅,设计不烦琐的套装,这样能给人以庄重、高雅之感。一些都市白领女性往往倾向于这种装扮,因为这种装扮容易体现其职业特点,并能给人稳重可靠的感觉。如:著名主持人王小丫就是这种类型。

优雅型

气质优雅的女人,往往给人温柔善良、小家碧玉般的感觉。这种类型的女人一定要穿质地柔软、上乘的衣服(如丝、羊绒等),否则会破坏其气质,显得与身份不符。此外,这种类型的女人非常适合穿小碎花连衣裙和细线开衫,裙子和大衣都要盖过膝盖,而不适合穿短裙。其中的代表人物要数香奈尔了。

性感型

三围突出,身材丰满,曲线优美的女人,可称得上是最妩媚、最性感、最有女人味的女人。具有这种气质的女人很适合穿低胸、紧身带大花边的服装,如鱼尾裙。这样的装束除了能充分突出女性的性感外,还能给人以浪漫、妖娆的感觉。其中的代表人物要数玛丽莲·梦露了。

高贵型

高贵的气质是不少女人先天就有的,而也有的是女人通过后天修炼而取得的。这样的女人通常有较深的文化修养,她们举止文雅、举手投足间散发着不可侵犯的圣洁。具有高贵气质的女人适合穿华丽却不张扬且有质感的衣装,款式可以根据场合而变化。如出席宴会可穿长裙,出席正式场合可穿纯色套装,冬季可穿上暖暖的皮草等等。好莱坞的"电影女神"妮可·基德曼就属于这种类型。

中性型

最近,因为"超女"的影响,许多女性又开始喜欢上了中性装扮。具有中性气质的女生风格硬朗又不失女性的柔媚,她们将服装的风格游移于两性之间,因此具有别样的魅力。军旅装、剪裁稍显夸张的裤子、设计简洁的T恤衫都适合中性气质的女性。说到中性装扮,20世纪30年代德国女星玛琳·黛德丽可算是鼻祖了。她在电影《摩洛哥》中男士装扮的形象受到了观众的青睐。

总之,只要充分了解自己的气质,牢牢掌握不同气质适合的不同装扮,相信你一定能穿出美丽、穿出魅力来。

23. 着装之"TPO"原则

众所周知，社交界对衣着穿戴非常重视，尤其是陌生人初次见面，往往会以貌取人，从衣着打扮上品评你的才能及人格。国际上称其为"TPO"着装原则，按照"TPO"原则着装，就能给魅力加分；违反了这个原则的装束，就会给魅力减分。

T，P，O分别是英语中Time、Place、Object三个单词的首字母缩写。"T"指时间，泛指早晚、季节、时代等；"P"代表地方、场所、位置、职位；"O"代表目的、目标、对象。"TPO"原则是目前国际上公认的衣着标准。

"TPO"原则说明了选配和穿着服装，必须要适合不同时间、地点和场合。如在铺着丝绒地毯的豪华宾馆里，在辽阔碧绿的田野里，在琳琅满目的购物市场或喧闹的游乐场，着装都应与环境相协调，穿出不同的形式和风格。假如穿着牛仔裤和套头T恤衫，进入五星级宾馆参加盛宴，不但对主人来说是一种不礼貌，自己也会感到有损尊严而变得局促不安。再如，在丧礼或吊唁的场合，如果有人穿红着绿，浓妆艳抹，就会破坏肃穆的气氛，令人生厌。

下面将具体介绍一下职业装、休闲装以及正装的穿着常识,希望能给女性朋友提供一些借鉴。

职场丽人的穿衣之道

目前,国内的职业着装正逐渐向现代国际化的标准靠拢。按照这个标准,女性职业的着装应该首先强调职业特点,即与平常休闲、家居不一样。职业女性在工作中穿着的服装要能反映出工作的性质,表明自己正处于工作状态中,因此要求服装和工作环境相一致。作为现代知性女子,在穿着搭配上要着重展示出个性美、知性美,同时又不失女人温柔、细腻的一面。

职业装,颜色素雅,款式简洁,线条干净利索,庄重中透着一丝轻松,严谨中带着几分活泼,能把女人的知性美与温婉的个性、自信的内涵和谐地统一在一起。它是都市白领女性的着装首选。

休闲时光不失魅力

休闲服装是指在休闲场合所穿的服装。所谓休闲场合,就是人们在公务之外,为放松自己、缓解压力而选择的活动时间与空间。如居家、健身、娱乐、逛街、旅游等都属于休闲活动场合。这时的穿着应追求的是舒适、方便、自然,给人以无拘无束的感觉。

适用于休闲场合穿着的服装款式一般有:家居装、牛仔装、运动装、沙滩装、夹克衫、T恤衫等。

此外,正规的西装外套也可搭配T恤衫、花格衬衫、牛仔布衬衫、半高领羊毛衫,或用西服上装配牛仔裤,用灯心绒休闲西服配正规西裤。用不同面料、不同颜色的西服上下装组合,也能穿出休闲韵味来。

正式场合着装应庄重得体

在隆重的正式场合,女性按活动内容的不同,可穿西服(配西裤或裙子）、民族服装、晚礼服等。

参加晚宴时，应穿平时不常穿的晚礼服。追求的效果或优雅、或奢华、或高贵、或神秘，可随意选择。参加葬礼和吊唁活动，则应着深色服装，内穿白色或暗色衬衣，不可穿花色繁复、颜色出位、色彩跳跃的服装。

能否把握住着装原则，是女人修养、审美观指数高低的一个界限。人的着装重在体现魅力，如果掌握了着装的"TPO"原则，假以时日，相信任何女人都能变成一个着装高手，穿出无限魅力来。

24. 你的**审美**，你的色彩搭配

着装的色彩美，是靠服饰颜色及各种因素组合而成的有机整体来构成的。把一件不起眼儿的服饰通过与其他服装色彩搭配，并穿出意想不到的效果，能体现出一个女人关于穿着方面的审美能力。善于运用服饰色彩，精通不同色彩的搭配组合，能把不同色彩的服装穿成一个有机的整体，这样的女人会博得满堂喝彩！着装的色彩搭配有四大原则。

色彩统一的原则

统一在一种色调中的着装色彩，有时会出现意想不到的效果。

同一种色调的颜色本来就是相同的，只不过由于渐次加入黑、白、灰色，从而形成了深浅不一的色彩，这些色彩就叫同类色。同类色是最单纯、最朴实的色彩关系，在服装的色彩搭配中，利用其深浅明暗的变化进行组合，能够产生协调效果。当你选色没有把握时，可优先考虑这类色彩。

颜色相似的色彩被称做是类似色。它是在同一种色彩中分别掺杂了不同的色彩成分，从而产生了颜色变化。比如红色，当分别掺入适量的黄色和橘色后，就形成橘黄色和橘红色，这两种色彩就是类似色。其他如黄与绿、青与绿、青与紫都是类似色。类似色的搭配效果很柔和，由于它没有强烈的对

比性,所以极易搭配并十分协调。

以上两种色彩搭配方法能够将上下装、衬衣外套、衣服配饰统一起来,从而达到和谐、美观的效果。

色彩衬托的原则

衬托原则,就是在着装色彩设计中,出于要达到主题突出、宾主分明、层次丰富的目的,用几种色彩来衬托一种色彩而创造出的艺术效果。具体而言,它有点、线、面的衬托;长短、大小的衬托;结构分割的衬托;冷暖、明暗的衬托;边缘主次的衬托;动与静的衬托;简与繁的衬托;内衣浅、外衣深的衬托;上身浅、下身深的衬托等等。例如:以上衣为有色条纹、下装配以单色,或下装为有色条纹、上装用单色来衬托的方法。其效果会在艳丽、繁复与素雅、单纯的对比组合之中显示出秩序与节奏,从而起到以色彩的衬托来美化整体着装形象的作用。

色彩点缀的原则

着装色彩设计中的色彩点缀至关重要,往往起着画龙点睛的作用。如在素静的冷色调中,点缀以暖色调,会使色彩显得高雅而有生气。如穿蓝底黑花上衣和裙子,深蓝色内衣,配上蓝色帽子,帽边镶黑色,颈以金色项链和朱红鸡心宝石来点缀,就能显得格外高雅大方。一般来说,点缀之色,面积不宜过大,只与大面积色调形成对比,起到一种强调与点睛的效果即可。

色彩协调的原则

使强烈的色彩变得柔和协调起来,是女人穿衣的另一重要原则。如穿红衣裙和红皮鞋,套上白色抽纱外衣,外面配上白色绢花,戴上白色耳环,手提白色皮包,就能以白色来缓冲红色,使红色因淡化而变得柔和一些,从而能得到艳而不俗、动中有静、典雅大方的效果。

在色彩对比与和谐关系上,色彩与色彩之间自然过渡与衔接非常重要。如果将七色按顺序进行排列衔接,会让人感到既鲜明生动又和谐自然。如果上衣是红色,而裙子是绿色,就有不协调、不衔接之感。但如果能在腰上再扎上一条黑色宽腰带、肩上背个黑书包,就会使强烈的红绿对比协调起来。

现代服装色彩美感的营造,无论是对比强烈,还是柔和素雅,都是通过色彩的组合来实现的。颜色搭配得好坏,最能表现一个人对服装鉴赏能力的高下,最能体现一个人在服装方面的审美能力。而我们的外表,除了对镜的一刻之外,大部分时间是由别人来欣赏评鉴的。因此,能舍弃个人主观的喜好,以客观的标准来决定颜色的搭配,乃是穿衣艺术的第一要诀。

25. 让肤色做你的穿衣向导

色彩搭配在于和谐。然而,由于许多人只根据自己喜好的颜色购买服装,却忽视了自己的肤色,常常会为效果不佳而烦恼。那些会穿衣的女人在搭配服装时,除了考虑服装本身的颜色是否适合自己外,多半还考虑到自己的肤色。正是由于她们知道自己的肤色适合搭配什么样的颜色,这些女人才能长久地保持自己的魅力。

服装的配色,要依肤色来决定。虽然拥有同样的身材,但因肤色不同,同样的颜色未必就适合你。所以,应根据不同的肤色来决定衣服、鞋帽、围巾、手套及其他的色彩,这样才能达到理想的效果。每个人的肤色都有一个基调,有的颜色与某些基调十分合衬,有的却会让你变得黯淡无光,要找出适合自己的颜色,首先要确定好肤色的基调。总的来说,人的肤色基调可大概分为以下四种。

白皙的皮肤

拥有这类皮肤的女性是幸运儿,因为大部分的颜色都能令白皙的皮肤更加靓丽起来，色系当中尤以黄色系与蓝色系最能让洁白的皮肤显得明艳照人，如淡橙红、柠檬黄、苹果绿、紫红、天蓝等明亮色彩最适合不过。如果配以浅色，形成高调子，使白里透红的肤色形成对比，则更能增加其魅力。但是如果脸色过于苍白的人，就不宜着绿色服装，否则会使脸色呈现出严重的病态。而肤色红润、粉白的人，穿绿色服装效果则会很好。

深褐色皮肤

皮肤色调较深的人适合一些茶褐色系，这种颜色会令你看起来更有个性。而墨绿、枣红、咖啡色、金黄色都很适合你，因为这些颜色看上去会使你显得自然高雅。此外，选择与肤色对比不明显的粉红色也会有很好的效果。相反，蓝色系则会与你格格不入，它只能让你脸色显得更暗，因此，最好不要穿蓝色系的上衣。同时应该注意的是，深褐色皮肤的人，也不宜着颜色过深或过浅的服装。

淡黄或偏黄的皮肤

皮肤偏黄的女性宜穿蓝色系服装，例如淡紫、紫蓝等色彩，这些颜色能令面容白皙；还有和肤色呈弱对比度的、纯度很低的粉红、粉绿、蓝绿等也会适合你；也可考虑穿着某些中性的、能给人温和感色系的服装。而黄褐色皮肤的人，忌用明亮的黄色、橙色和深沉色调的褐色、深驼色、黑灰色、棕色等。否则会显得精神不振和面色灰暗。

健康的小麦色皮肤

拥有这种肌肤色调的女性给人健康活泼的感觉。黑白两种呈强烈对比色彩的服装，会与她们出奇地契合。此外，深蓝、炭灰等沉实的色调也很适合这种肤色的女性穿着。如桃红、深红、翠绿这些鲜艳色彩，则更能突出这种肤色女性的开朗个性。对于小麦色肌肤的女性，配色过深也是不可取的，因为，服色与肤色过于接近，会产生毫无生气、不够明快的感觉，也会让你显得更"黑"。

此外，白色衣服搭配任何肤色效果都很不错，因为白色的反光会使人显得神采奕奕。

以上是就一般情况而言，如果在某种特定的场合，着装的色调还要考虑场合的特点、灯光、室内装饰等因素。由于在灯光和室内装饰映衬下，肤色将会发生变化，因此服装色彩的选择也要相应作些变化。

26. 选对**服装**,遗憾身材也完美

由于受先天因素的影响,并非所有女人都拥有完美的身材。身材完美的女人自然穿什么衣服都好看,但那些身材有这样或那样缺陷的女人,也不必泄气,因为衣装会帮你弥补这些缺陷,使你也变得完美起来。

有不同身材缺陷的女人, 在选择服装时遵循以下原则就能使自己"完美"起来。

胸围过大的女性

丰满的胸围是性感的象征。但如果胸围过大,也会常常找不到适合自己的时装。这种类型的女性应穿连袖的上衣或比较大气些的服装。穿圆领、V领等能尽显身材的贴身T恤时,外面最好罩上一件宽松的外套。

若同时在上身穿三件以上的衣服时, 要特别注意这几件衣服应该是同一色系的,不能同时穿三种或更多种颜色的衣服,否则就会显得俗气。

小腹突出的女性

较长的上衣,不论是T恤或衬衫,都能遮住微突的小腹。穿此类上衣时,一定要将露在裙或裤外的衣服下摆整理好, 以免让它们增加你小腹的"高

度"。另外，最好选择在腰腹部设计褶皱、使上衣有层叠感的衣装。这样，你的小腹便会被褶皱掩饰过去。这种身形的女性在服装之外还应加上一些有亮点的小饰物，因为这些小饰物能引开人们的目光。

粗腰的女性

建议这种身材的女性选择式样简洁的衣服，不要用过多的装饰来堆砌。你可以穿素色的无领无袖的X形连衣裙或是高腰长裙。另外，稍紧身一点儿的弹性衣饰也会表现出你的妩媚。要避免穿过于宽松的服装，那会给人臃肿的感觉。颜色方面，鲜艳或素净的单色组合要优于大的印花图案。

如果你只是腰部粗一点儿，不希望被人察觉到这个小缺点，就别忘了赶快添购一件让你穿起来既舒服又自在的宽上衣。宽上衣的质料不限，只要是与自己原有的服装搭配得当的款式即可，不过，需注意下半身最好选择较合身的裤子。此外，如果你个子较高，则可选择宽大、稍长的上衣；如果你身材娇小，最好选择刚好过腰的宽上衣，便可成功掩饰浑圆的腰部。

有臀部缺陷的女性

臀部是突出女性曲线美的焦点之一。如何显示健美的臀部或如何隐藏有缺陷的臀部，是女性着装时不能不考虑的问题。不同臀型的人应扬长避短，充分展示自身柔美匀称的体态才对。

肥臀型：这类臀型的人适合穿宽松些的连衣裙，而且不要系腰带，少配戴饰物。

臀下垂型：此臀型者多适合穿裙子，并用宽腰带来强调裙

子的腰部，以掩饰下垂臀部的形状。

特大臀型：臀围超过胸围12厘米以上就属特大型。这类女性可选用大披肩与下半身保持平衡，借以掩饰过大的臀部。系条细小的腰带能使背部显得较宽，这样上半身就显出重量感，与臀部取得相应的平衡，从而起到掩饰臀围的作用。

如何掩饰过粗的大腿

如果大腿粗，那就应尽量露出细长的小腿。这种类型的女性穿超过膝上2厘米左右的裙子最适合，这样就可以充分露出膝盖和小腿部分，同时又可以恰当地掩饰略粗的大腿。

但应该注意的是，大腿过粗的女性应避免穿蓬起的裙子；而应尽量选择A字裙，或者可随身体动作摆动的裙子，如褶裙、圆裙，以转移别人对腿部的注意力。同时，尽可能穿与裙子同色系的袜子和鞋子。统一的色彩，可以使腿部有修长感。

如何掩饰过粗的小腿

小腿粗的女性穿中长的裙子比较合适，长度能遮盖住小腿最粗的位置就可以了。如果喜欢穿着半裙和短裤的话，那整套服装颜色一定要鲜艳些，再搭配暗色的长袜。长袜最好能带有竖条纹或小格子的花纹，但袜子总体一定要暗、要不起眼儿。另外连身的迷你裙搭配小喇叭牛仔裤重叠穿，也可掩饰过粗的小腿。

这种类型的女性在选择裤装时应选择直筒裤，而不要选择锥形裤等会放大小腿缺点的裤子。直筒裤的优点在于裤形稍微宽松，但臀围却又合身。因此，小腿部分将因裤形而显得稍细而修长。此外，直筒裤应多以棉质布、牛仔布面料为宜，这也是一种活泼帅气的中性打扮。

27. 样样身形样样装

你的身材属于哪种类型？这是女性在为自己选择服装前，首先要确定的问题。古人一向讲究"量体裁衣"。然而到了今天，由于服装产业的规模化、人性化、多样化，"裁"已经不是我们要关心的问题了，而怎样"穿"才是我们应该操心的。有的女人之所以能穿好，就是因为她们能量体而穿。怎样度量自己的身材，选择适合自己的服装呢？我们针对女性的各种身材，作出如下建议。

丝瓜形身材的女性

体型分析：身材苗条、胸部中等或较小、臀部瘦削扁平，没有腹部及大腿旁的赘肉。这种体形，应该是比较容易穿衣的，穿衣服宜刚宜柔，无论追求女性打扮还是中性打扮，都能透出一种飘逸超脱的韵味来。

穿衣要诀：宽松的T恤配上直筒牛仔裤的装扮为最佳，这样显得既青春又帅气。不过切记，除非你存心扮成"假小子"，否则不要穿太紧太暴露的上衣，因为这样的上衣会把你所有的缺点暴露无遗。如果追求女性打扮，呈现曲线美是关键，可在腰线上添加细节，比如加条皮带或蝴蝶结。款式适合穿打褶的裙子、宽松的西服、宽松打褶的长裤，另外衣饰以亮为佳。但要避免紧身衣裤或低腰长裤。

葫芦形身材的女性

体形分析：身材就像葫芦一样，胸部、臀部丰满圆润，腰部纤细，曲线玲珑，十分性感。在色彩搭配和谐的前提下，葫芦形的人基本上穿什么衣服都会好看，不过还应根据个人的具体情况而定。

穿衣要诀：这种体形的人适合穿低领、紧腰身窄裙或八字裙的西服，而且质料以柔软贴身为佳。这是一种十分性感、女性化的装束。应该注意的是，葫芦形身材如果穿宽大蓬松的洋装，会减损许多魅力。总的来说，这种体形也是穿什么衣服都好看的。

梨子形身材的女性

体形分析：东方女性的常见身材，脂肪多积聚在下半身，上身肩部、胸部瘦小；下身腹部、臀部肥大。由于腹部肥大的关系，往往形成腰线的提高，造成上身"变短"，形状就像一个正放的梨子。

穿衣要诀：这种体形的人穿衣时要尽量让上下身大小一致，绝不能让上身穿着过紧，而下身穿着过于宽松。此外，如果上身穿分层的衣服，或稍微宽松的夹克和衬衫，也会使上身显得浑圆，给缺点"雪上加霜"。最好穿锥形裙或其他样式的裙子，这样可以使臀部显得窄一些。选裙子或裤子的颜色宜选中性到黑色系。应避免穿紧身衣裤、扎宽皮带、穿褶裙或细褶的裙子。

苹果形身材的女性

体形分析：苹果形身材往往浑身都均匀地肥胖，看起来脖子粗短，肩圆背厚，腰围是身体曲线的顶点，走起路来像是在滚动身体。

穿衣要诀：衣服要选择质地柔软的布料，裤子和裙子布料也应柔软，尺寸虽宜宽大但不宜过大。如果腰围与胸围差不多大，应选择宽松的上衣，以免显得太"富态"。为了让上身更显高，下身显得苗条一些，可上穿衬衫，下穿裙子或裤子，但颜色的选择宜深不宜浅。

萝卜形身材的女性

体形分析：看上去就像一个正在生长的大萝卜，沉重的上半身被细细的腿支撑着，感觉有点儿失重，像随时会被风吹翻。宽肩是此种身材人的宝贵资本，因此，穿任何上衣都无需垫肩或只需很薄的垫肩。

穿衣要诀：此种身材的女性拥有小巧的臀部，装扮时此处应尽量示人。应选择尺寸合身的裤子和裙装。牛仔裤不适合这种体形，可选择古典或细线条布料衣装。如果胸部较丰满，在穿衬衫或夹克时，应避免有口袋或翻领。此外，穿齐肘短袖衣服效果最佳，穿无袖的衣服也不失为一种不错的选择。

十全十美的身材是很难找到的，几乎每个人身上都存在着上述几种身材中的一两处缺点，因此，就必须熟练掌握这些穿衣要领，并加以灵活运用。尽量隐藏缺陷，彰显优势，造成视觉差，穿出最好的效果。

28. 警惕**着装**误区损形象

为了追随潮流，不顾自身条件而随意穿着，会让自己陷入误区，从而影响了自己的形象。

缺少常识随意穿衣

有些女性认为服装高档大牌，价钱贵就好。这种错误产生于对衣服的应用场合和礼仪常识的缺乏。比如：有人穿着婚纱在等公交车；有人穿着价值不菲的裘皮大衣，却配了一双邋遢的鞋子；穿着非常时髦的套裙，长筒袜上却有破洞；不管什么场合都穿晚礼服，甚至穿着它去逛街等等，结果导致贻笑大方。

东施效颦的穿衣习惯

看见别人穿着好看，认为自己穿上也一定好看，因此喜欢跟在别人后面模仿。这种错误产生于缺少主见、盲目跟风。须知每个人都有自己的特点和个性，同样的衣服穿在别人身上好看，自己穿上就可能有点儿不伦不类。所以首先要找准自身的特点,然后再选择款式、颜色来装扮自己。

过分追求复杂的服饰

面对琳琅满目的饰品,有些女性就犯了穿衣的大忌。凡是自己中意的服饰都往身上穿戴,结果把自己打扮得像一棵圣诞树,让人觉得俗不可耐。这种错误产生于缺乏正确的审美观。其实,对于衣服的装饰应该去繁就简,适合自己就行。很多名人出席晚宴时,只穿一件黑色礼服,配上一颗钻石,就足以光彩夺目了。适当的点缀才叫衬托,能衬托出自己完美魅力的装饰才是画龙点睛的装饰。

盲目跟从流行

有些人过分关注最新的流行动态,挑选衣服不顾自身的条件,认为只要是时下流行的就好。结果,由于不适合自己,让人看起来很不舒服。这种错误就在于缺少文化底蕴,不懂美的内涵。实际上,服装的入时性并不仅仅意味着体面,穿出自己的优点、特色来才是主要的。

不拘小节的错位装扮

所谓错位的装扮,就是指一个人的穿着与自己的风度、气质不相配,或者是与场合不符,显得和整体环境格

格不入。比如说,在办公室里穿着过于暴露的服装;穿着睡衣去买菜、运动,甚至逛街等等。这种错误的发生是由于个人素质差,缺乏修养。这种着装常会引人侧目,让人觉得十分不入时。

永远不变的穿衣风格

产生这种错误的原因在于女性的性格过于偏执,一旦认为某种风格适合自己,就永远不想改变。其实每个女人都是极有可塑性的,你可以有一种主打风格,但这并不意味着让你的衣橱成为专项收藏馆,千面女郎永远比"古董式"的淑女更受人喜欢。此外,只追求一种风格,就会产生单调感,而单调久了就要变得乏味,单调又乏味的"老古董"谁都不会喜欢的。因此,我们穿衣打扮也要适时改变自己,谨防自己掉进单调的"陷阱"中。

穿衣误区还有很多,如一味追求"穿衣小一号"的原则,让自己绷紧的臀部和手臂,如同裹着"粽叶"的"肉粽"一般,不仅毫无美感可言,而且影响肢体活动;或为扮成休闲装酷,而将松散的帆布腰带一截搭在腰部,大有衣冠不整之嫌。

29. 时装选择,理智先行

很多女性都会面临这样的难题,即面对琳琅满目的时装,不知该如何选购。其实购衣并不难,只要抓住要点就好。这些要点就是:一、自己是否觉得称心如意;二、款式、面料、颜色是否流行,质价是否相符;三、穿在身上是否合体、舒适。除此之外,还要注意以下几点:

能否穿出自己的特点

每个人都应该有自己的穿衣特点。像西方影星索菲亚·罗兰就以丝质性感的套裙为代表;杰奎琳的个性标签是白框黑色大墨镜;还有奥黛丽·赫本经典的黑色连衣裙,她们每个人都有自己的代表装束。但是,并不是说她们穿着一成不变就与流行背道而驰了,相反,她们的衣着都是在体现个性的同时,摸准了时代的脉搏。一个女人如果能把各式流行元素融合在自己的审美观念中,就能形成自己的风格,从中体现出独有的魅力。这也是购买服装的着眼点。

别忘了衣服的名片作用

西方学者雅波特教授认为:在人与人的互动行为中,别人对你的观感只

有7%是注意你的谈话内容,有38%是观察你的表达方式和沟通技巧(如态度、语气、形体语言等),但却有53%是判断你的外表是否和你的表现相称,也就是你看起来像不像你所表现出来的那个样子。

所以,当你已经由学生转变成职场丽人的时候,你就应该和那些青春活泼的可爱装扮告别了;而一个成熟女子,则应更侧重于优雅、有女人味的装扮;阿姨们不要穿得老气横秋,穿衣风格可以打"成熟"这张牌。总之,要时刻记得,穿着打扮要与自己的年龄、职业相符,也应不断地变化,这是选购服装的另一原则。

为自己保留基本服饰

流行是无止境的,时尚是无尽头的。无数的设计师每天都在更新着时尚的定义。当你为追逐时尚累得精疲力竭时,不妨停下来想一想,自己是否还有能力追得上?今天流行波希米亚风格,明天就是复古,后天简约就是美。这种快速的变化简直令人头晕目眩。

其实,无论流行如何千变万化,有一些基本元素是永远不会改变的。比如:裁剪简洁的及膝裙、黑色直筒裤,还有永远不会过时的白衬衫等等,很多衣服都是衣饰中的基石,这些基本服饰有其不可撼动的地位,可以让你穿上10年也不会过时。只要拥有了这些基本服饰,每当新季来临,你就不会为置衣而发愁了。因为你可以用这些基本服饰为"底座",再买些时尚服装,就能巧妙地搭配出美丽来。

买衣服不要受外界干扰

专卖店里精致的店面装潢和色彩缤纷的霓虹灯都是经过精心设计的，目的就是为了吸引更多消费者的眼球。在这样的店面里陈列的衣服分外漂亮、引人注目。但是千万不要受此诱惑，选购衣服的时候一定要理智当先，不能受外界的干扰，也不要盲目听从导购小姐的溢美之词。你要清楚，这一切不过是为了更多地推销她们的商品而已，有些并不一定适合你。

建议你在买衣服的时候找个言语中肯的同伴一同前行，因为她的意见才是客观而真实的。

买衣服贵在求精求质

不要像购物狂一样，每一次上街就血拼，把该买的、不该买的，适合的、不适合的通通买回来。其实，买衣服贵在求精求质，而不应以衣服的数量为准则。因为，即使你的衣橱里有许多件衣服，你也会发现，其实你真正喜欢穿、经常穿的，也就是为数不多的那几件。如果每次上街都买回来很多利用率不高的衣服，那么，你就会在无形之中浪费许多金钱，而又达不到应有的效果。因此挑选服装时，一定要"严格"一些，要使其款式、材质、颜色、剪裁和工艺都合乎自己的要求才买。其实，女人并不需要"堆积如山"的衣服，只要拥有几件精品就足够了。

一定要先试穿

看到中意的衣服，就赶快买下，生怕被别人买走了，这种心理很多女性都有。但是，不论你有多么喜欢这件衣裳，都要在试穿之后再决定要不要买下它。因为，毕竟穿在模特儿身上和穿在自己身上的效果是不同的，漂不漂亮固然很重要，但是合不合体才是第一位的。试想，如果由于一时冲动而买下了一件看起来漂亮、穿起来十分不满意的衣服，那该是一件多么遗憾的事。到了这时，你想穿又穿不出去，退又退不掉，就只好把它当成"压箱底"的东西，从而造成了浪费。所以，在付款之前，一定要先试穿！

仔细算准性价比

衣服的性价比是这样计算的，比如，你花100元买了条式样很流行但是质量却不佳的裤子，在整个冬天，你一共穿了它10次就过时了，那么穿一次的成本就是10元钱；而你花了400元买了一条质量好3个冬天都不会过时的裤子，你一共穿了它30次，那么每一次的成本就是13.3元。几乎差不多的成本，却穿了质量相差很悬殊的裤子。自己算一算就知道哪一个性价比更高了。

一件衣服的穿着频率越高、质量越好、穿着时间越久、和其他衣服的搭配度越高，它的性价比就越高。买这样的衣服才划算。

警惕商家的陷阱

每到换季时节，铺天盖地都是商家打折信息，其中还不乏许多名牌；有些名牌打折还往往选择在旗舰店或者星级酒店里进行；有的还会派发请柬，弄得轰轰烈烈，让你应接不暇，不知该如何应对。不过天上可没有馅饼掉下来，衣服打折往往出于以下原因：已过季很久了（这还算好点儿的）、质量低劣、冒充名牌，或者服装有不同形式的瑕疵、尺码不齐全等等。

这时，你一定要理智地对待，决不要因商家的自我吹嘘，觉得价格低廉就疯狂采购，从而落入商家的陷阱。要时刻记得你要买的是适合自己穿着的衣服，而不是要买它的价格，或那块儿小小的商标。

可以看,但不一定非得买

每个人都有一个期望中的自己，而每一个现实中的自己和期望又往往有一定差距。这种差距也会体现在服装上。就是说,那些非常吸引你的衣服,很可能你穿出来的效果并不好。例如,你很喜欢窄腰的牛仔裤,可惜肚子上有很多赘肉,那么在你塑身成功之前,就应打消购买这种裤子的欲望。能清楚地分辨出哪一种是你欣赏的,哪一种是你要买的服装,是件很考验眼力的事。要想使衣服穿出自己的魅力,一定要学会审美和控制自己才行。

培养自己的鉴赏力

那些能穿出自己气质的女性,往往都有很高的鉴赏力。她们的鉴赏力,可以让自己远离商家的陷阱;可以正确地选择适合自己的服装,而不浪费金钱;可以在众多的色彩中,挑选出自己所喜好的。所以,想用服装展现自己魅力的女性,一定要先学会鉴赏。

鉴赏能力虽需长期培养,但要提高也并不难。一是要学点儿美学知识,以提高自己的审美能力;二是多了解时装动态,力求不落伍;三是多关心潮流的发展,适时改变自己的眼光。平时可以多选择一些自己喜欢的时装杂志,经常阅览,不断提高自己的敏感度和判断力,开阔自己的眼界。另外,现在也有很多专业的造型设计师,有问题时也可以求助于他们。还有,多和自己身边公认的"会穿"女友进行交流,多听听别人的经验也会受益匪浅。

第五篇

巧佩饰物，
谱弹魅力女性第二歌

当今社会,女性要扮演的角色越来越多,从家庭主妇到交际场的贵宾,从职场丽人到谈判桌上的女说客。在诸多角色的转换中,女性身上那些小小的饰物,就像夜空中的繁星一样炫目闪亮。一件大方的披肩可以使你瞬间转化为职场丽人,一条闪亮的项链又能让你成为"宴会女王",而卸下这一切,你就是温婉的妻子、慈爱的母亲了。

漂亮、得当的饰物一向是服装的最好伴侣。一件或几件与衣服相得益彰的饰物,能为一个人的整体魅力画龙点睛。但是,如果饰物和服装搭配不当的话,就会使其黯然失色。

只要学会了佩戴饰物的方法,并把握住原则,那么,即使你的饰物并不名贵,也一样能显出你的气质和魅力来。

30. 小饰物，点缀大角色

饰物对于女性来说十分重要，如今，各种各样的小饰物已经成为女性生活中不可缺少的物件了。想要把小饰物搭配出完美的感觉，一定要了解一下饰物的种类。

耳环

一位著名珠宝商说："如果时尚女士只可佩戴一种饰物，最明智的选择一定是垂吊耳坠。耳坠必须充满想象力、美丽耀眼且款式够大。"这句话在一定程度上说明了耳环对于女性的重要性。耳环是饰物中很重要的种类之一，对于女人来说，耳环并不仅仅是一件装饰物，它还能起到巧妙掩饰缺点的作用。

项链

项链是女性所有饰物中最常见的也是最重要、种类最多的饰物之一。它是女人颈间的一道绝美风景。它能使人们的眼光集中在女人身上，使女人在不经意间散发出端庄、娴雅的韵味来。

戒指

戒指几乎是女性不可缺少的饰品,在各种场合都能见到它的身影。虽然戒指只能戴在手指上,但由于质地、款式、意义的不同,它却能演绎出许多的故事来,并能给女人的魅力添彩。

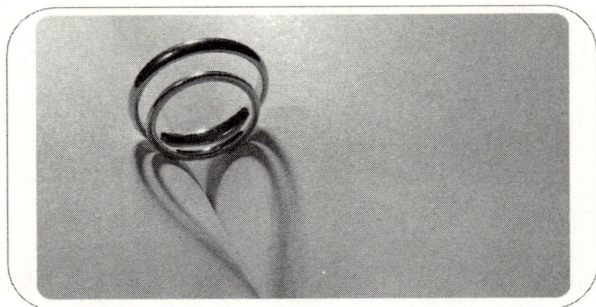

胸针

虽然在满目璀璨的珠宝世界里,胸针似乎一直是被忽略的一类,但正确搭配胸针,却是女人们的必修课。因为小小的一枚胸针能给女人增添无尽的风情和魅力。

眼镜

过去,人们只注重眼镜的实用性;但如今,除了实用价值之外,眼镜的修饰作用也越来越多地被人们重视起来。它已经成为女性饰物中的新宠,更是打造女人魅力不可或缺的部分。

丝巾

虽然只是小小的一块布,丝巾却一直是流行美学中不可缺少的元素之一。面对时代的进步,丝巾美学也有了新的变化,它

以披肩、围巾、头巾、领巾等多种形式，丰富了时尚衣着的内涵。

背包

随着女性生活内容的丰富，背包已经成为女性不可或缺的随身之物。它的作用不仅局限于实用性，而且已经逐渐成为女性的重要装饰品了。

鞋子

现代人们穿鞋已从实用的角度更多地转向了装饰的作用。不同颜色、不同风格的鞋子也在为时装增光添彩。因此，鞋子除了具有传统意义上的实用功能外，还成为追求时尚的人们不可或缺的饰物之一。

以上这些小小的饰物，不仅能衬托出浓厚的女人味，也能让女性更加酷感十足，并从中体现着女人优雅的风度和文化修养，因此，聪明的女人不可忽视这些小小的饰物。然而，饰物的选择还要因人而异，美丽的你要学会挑选适合自己的饰物。只有选对了，才能让自己更加靓丽；否则，还不如选择放弃。下面，就各种饰物的正确佩戴，分别加以介绍。

31. 颈部的美，**项链**来帮忙

项链的流行有着悠久的历史，它的源头已经很难追溯，至少要寻觅到远古时期。从质朴的骨质项链、陶质项链、松绿石等各种石质项链，到或古拙或华美的金属项链，比如铂金、黄金、白银项链，不同质地的项链一直是女人项间的钟爱之物。

如何用项链来增添颈部美是所有女人都必须掌握和了解的知识。总的来说，不论什么质地的项链，只有最契合自己的那一款，才是女性的最佳选择。

不同的服装应搭配不同的项链

穿礼服时，应佩戴珍珠项链或与礼服相称的金属钻石类项链。穿黑色礼服时，最好能搭配上三连式珍珠项链。

在项链与套装的搭配上，项链的材质、色彩、款式、质地、长短、粗细及风格等等因素，都是需要重点考虑的。这些要素既要与套装的面料、色彩、款式相协调，也要与套装的职业性和整体性特征以及端庄、简洁的风格等相衬。

在穿便装、休闲装时，可以随自己的喜好，根据衣服的颜色、质地等因素，佩戴木质、陶质、石质项链，这样的搭配可以让你轻松拥有休闲韵味。

领子和颈饰的边缘模糊不清，或者有相交的衣服是不应搭配项链的。与项链最配的衣服是"V"字领的衣服，其次是比较大的圆领，然后是合身的高领。穿着这类衣服时，比较容易搭配适合的项链。

不同的脸形应佩戴不同的项链

方形脸的女人戴"V"字形加吊坠的项链最漂亮，而中长度的项链也是首选，因为它可以让脸看起来较修长。

与方形脸相反，尖形脸的女人不宜选用"V"字形的项链，因为它会重复你脸形的尖线条。这种脸形的女性应该选择横条纹项链以及短项链，这样可以使你的脸形更显柔和。

圆形脸的女人宜佩戴长一些的项链，例如用中型大小的珍珠制成的长项链，可以使你的脸形看起来更显长，并能让你的脸看上去瘦下来。此外，在项链下面加上美丽的项链坠，也会起到修饰脸形的作用。

椭圆形脸最符合东方女性的传统审美标准。这种脸形在项链的佩戴上，几乎各种款式都能与之相配。

不同的颈形应搭配不同的项链

项链佩戴的要诀是要造成视觉变化以弥补颈项的不足。脖子长的人要选择那些有横纹、较粗的短项链或者颗粒大而短的项链，使其在脖子上占据一定的位置。由于对比而造成的层次丰富感，在视觉上能减短脖子的长度。脖子长而体形和皮肤都比较好的人，可以走两个极端：即色彩鲜艳的和色彩比较暗的彩金项链，都会产生好的效果。

对于脖子比较短的人来说，则宜佩戴较长的项链或"V"字形的项链，因为直线条可将观者的视线由上往下引，这样就可增加颈部的修长感。如能佩戴细细长长的项链，也会很漂亮，如果项链下面再悬着一颗钻石吊坠，那就更完美了。

项链的质地要与年龄相匹配

年轻人肤色红润，选用象牙项链、珍珠项链，会显得平和、恬静和文雅；而如果选用五颜六色的珠宝项链则会显得神采奕奕、生气勃勃；选择铂金项链，细细的一条就能体现出浓浓的女人味来；而古拙的藏银、松绿石等质地的项链则显得酷感十足。

年龄大的人宜选择配有翡翠、钻石、蓝宝石等华贵宝石的项链来佩戴，因为这些宝石能突出一个人经过岁月洗礼后的沉稳和端庄来。如果能佩戴铂金等稀有金属制成的项链，也是不错的选择。

32. 别致耳环，风情万种

耳环是女性耳朵上最别致的风景，戴上不同的耳环，可展现出女人的不同风情。然而，由于女人的脸形不同，同一种款式未必人人都适合。因此，应该根据不同的脸形来佩戴不同的耳环。这样的耳环，才能达到较好的效果。

悬垂式耳环

悬垂式耳环的样式是：上部靠耳垂处一般都有豆状饰物，下部通常用稍大的环形、锤形、棍形的链所装饰。

有一张圆脸的女孩子，很适合正在流行的悬垂式耳环。因为悬垂式耳环能在视觉上拉长面部，使脸形显得椭圆一些。那些拥有漂亮眼睛及颧骨较突出者，也比较适合佩戴这种类型的耳环，因为它能将别人的注意力吸引到你脸的上半部。

S形耳环

这款弯曲成S形的耳环很像一条小蛇，它的戴法很特别。因为你一定不能把这条"蛇"直直地插进耳洞里，它的耳针与"蛇"平面呈现的不是90度直角，而是180度的平角，所以得像戴别针一样才能把它戴到耳朵上。

这款耳环适合方脸的女子以及身材高大的女性佩戴，因为这款耳环圆润的设计刚好融合了方脸的棱角，而且它也很大气，正好可与高大身材的女性相配。

豆状耳环

豆状耳环有球形、半球形、方形和多边形之分；还有一部分豆状耳环，多为圆珠状、小球状和心状。用短金属链结垂于耳下，有垂荡感。

这种耳环最适合长脸形的女性佩戴。特别是在她们挽高发髻的时候，高高的发髻会使脸部拉长，而佩戴这种豆状耳环就能在视觉上缩短脸部长度。

应该注意的是，如果你已戴有镶着碎钻的眼镜，或是打算戴几串项链时，最好不要再戴长形状的耳环。因为眼镜在脸部已占据了较大的面积，只有佩戴小耳饰作点缀，才能显得大小错落有致，别有情趣。

此外，耳垂过小的人，可以戴大点的豆状耳环，也可以戴重型耳环，使耳垂逐渐加大来弥补这个缺陷。

流苏式耳环

流苏式耳环是指耳环穗由金属链排列而成的耳环，此种耳环可以给女性平添几许浪漫气息。这是圆脸的女性的又一种选择，圆脸的女性不宜佩戴圆形耳环，更不宜戴大耳环，以免显得脸宽而圆，而选择长的流苏式耳环，可有加长脸形的效果。

但是这种耳环不适合身材娇小玲珑的女子以及长形脸的女子。因为那些复杂的长流苏耳饰，只会让视觉导向

下移而显得你更加矮小，或者拉长整个脸部。

　　与流苏形耳环有异曲同工之妙的耳环还有：长线耳环，像缩微版双节棍一样的耳环，一端是耳针、一端是扣子的耳环，可上可下的宽面耳环等等。

　　如果你长了一张椭圆形的脸，那么恭喜你，无论你佩戴什么样式的耳环都会很漂亮。

33. 别"戴"错了手指

"戒指是一个环,没有开始,没有结束。所以你们所戴的戒指是彼此相爱的信物,预示着你们无论在不在一起,都记着今天这个盟约。"这是婚礼上常能听到的关于戒指的释义。

其实,除了结婚戒指之外,可供女性选择、能给女性增添魅力的戒指还有很多。因此,作为一个女人,就一定要知道一些戴戒指的学问。

戴在不同手指上的不同含义

按照我国的习惯,订婚戒指一般戴在左手的中指,而结婚戒指应戴在左手的无名指上;若是未婚姑娘,则应佩戴在右手的中指或无名指。在国外,不戴戒指也表示"名花无主,你可以追我"。按西方的传统习惯来说,左手上显示的是上帝赐给你的运气,它是与心相连的。

把戒指戴在左手上,一般来说表示如下意义:

食指——想结婚,表示未婚。

中指——已在恋爱中。

无名指——表示已经订婚或结婚。

小指——表示独身。

而把戒指佩戴在右手上的意义就有些不同了：

大拇指——大拇指上一般不戴戒指，如戴即表示正在寻觅爱人。

食指——戴在食指上表示想求婚。

中指——戴在中指上表示已订婚或已有爱人。

无名指——戴在无名指上表示已订婚或已结婚。

小指——戴在小指上表示奉行独身主义或已离婚。

有人用更简单的"追、求、订、婚、离"五个字，说明将戒指分别戴在五个手指上的含义和暗示。

戒指的文化含义

除此之外，戒指戴在左右手或哪一根手指上，又有着不同的文化意义。

大拇指——据古罗马文献记载，将戒指戴在这里可助你达成心愿，迈向成功之路；

食指——指示方向的手指，把戒指戴在此指的女性，表示个性开朗而独立，较偏激、倔强，最适合从事自由职业。

中指——次于无名指最适合戴婚戒的手指，戒指戴在其上最能营造自由爽朗的气氛，能让你灵感涌现，变得更有魅力、有异性缘，它还代表着崇尚中庸的人生观念。

无名指——从古罗马时代以来习惯将婚戒戴在其上，相传此指与心脏相连,最适合发表神圣的誓言。此外,无名指上有重要穴道,戒指戴其上可以适度按压肌肉,有安定情绪之效。

　　小指——小指传达的是一种魅惑性感的信息,戒指戴在其上将会有意想不到的事发生,特别适合直觉敏锐、从事与流行时尚相关的工作者。

戒指上镶嵌宝石的意义

　　钻石代表坚贞,体现着坚贞不渝的信念;红宝石代表热情、张扬,喜爱红宝石的女性必定热情似火;蓝宝石意味着沉稳,喜爱蓝宝石或海蓝宝石的女人比较内向稳重,有时会比较冷漠;翡翠是高贵的化身,同时代表着爱情;橄榄石象征着浪漫无忧;变色石则显示出神秘高雅;喜爱粉红钻或粉红色珊瑚的女人,感情一定是丰富而浪漫的;喜爱祖母绿或土耳其石者,可能情感纤弱;珍珠表示高贵;紫晶则表示健康、机敏和幸运。

戒指与手形

　　戒指的形状与手指应相匹配,如手指短粗的女性,可选择椭圆形的戒指,这能使手指显得修长;细长的手指,则可选择圆形的戒指;若是你的手指特别长,试试把戒指戴在小指上,能使手指显得短一些;对于手指短细的女性,把它佩戴在无名指上,就能从视觉上拉长你的手指。

34. 小小胸针成新宠

过去,胸针似乎是祖母级的饰物,安静地躺在外婆陈旧的梳妆柜里。如今,它温婉、华丽、高雅,像一颗耀眼的明星,点缀着瑰丽的女人梦,已成为现代女性的新宠。

时下,胸针的设计和佩戴出现了两大潮流:一是胸针的式样多元化,风格陆续出现了童年式的设计、花卉式样的设计、鸟兽式样的设计……总之,胸针的样式已经有了无穷的想象力;二是改变了胸针最传统的佩戴方式。最早人们只将胸针戴在外套的翻领上。而如今,胸针可以戴在任何地方:各种上衣的口袋上、牛仔裤上、靴子上……在任何你想搭配出亮点的地方,都可以佩戴它。

胸针与衣领的搭配

佩戴胸针最重要的是要考虑与服装的搭配,特别是衣领的大小和形状将决定佩戴胸针的款式。

① 无领

穿无领衣服时一般应沿领域边线佩戴胸针。当领线不太明显时,可以从肩线到胸部引出一条直线为假设领线,在这条领线上适当的位置佩戴胸针。

要注意胸针不应太靠近衣领,那样会显得很不相称。

②"V"字形领

如衣领的领口比较大或"V"字形领口显得突出时,应该选择造型较大一点儿的胸针,以与领口的大小相对称,胸针应佩戴在领口靠近胸部的位置。

③ 西服领

如穿西服套装时,应该选用细长形的胸针,并沿着领边的方向佩戴。如果衣领较宽,可选择针形的胸针直接佩戴在领子上。

④ 蝴蝶领

蝴蝶领在服装上具有本色的装饰作用,这类衣领只需有一点儿点缀就可以了。应选用耳钉形的迷你小胸针,佩戴在领尖处,这样就不会破坏领子的造型和风格了。

⑤ 套头领

穿套头领衣服时,佩戴一枚花卉造型的胸针最合适不过了。花卉胸针可改变服装的单调,起到装饰的作用。

胸针与服装的搭配

① 丝绒VS亚克力

带点儿亮度的丝绒洋装及公主袖外套已逐渐成为潮流的宠儿,搭配这类衣服的最好胸针便是复古图案、亚克力材质的胸针了,这样搭配可使女性显得朝气蓬勃。而在棉质上衣上佩戴亚克力胸针则可强调出平民的奢华,整体造型也不会过分单调。

② 丝绸VS细巧

夏天的衣裙面料多为丝绸之类的轻薄型织物,如果佩戴大而偏重的胸针容易使衣料下坠,影响美观。因此,细巧轻盈的胸针适合于夏季。在线条不对称、不规则的服装上,如果将胸针别在正中部位,可起到平衡的作用。短衣短裤,一身浪漫的少女装束,别一枚树叶形胸针,就会显得俏皮又可爱。

③ 蕾丝VS女王头像

宫廷样式的衬衫重回时尚舞台,不过现在的宫廷风格比三四年前的宫廷风格更为优雅,更趋向于实用,加入的蕾丝元素也不会过于繁复。搭配此类衣装,复合版胸针再合适不过了。

④ 苏格兰呢VS珠宝

如今,苏格兰呢的热度又有所回升。冬季,苏格兰呢的厚重、挺括尤受女性青睐。此时,在呢子外套上别一枚金属镶嵌钻石的胸针,必将使你成为冬日里的亮点。

⑤ 针织VS网状、千鸟格

针织衫的特点是网洞比较明显,因此,在针织衫上搭配网眼较密的花朵胸针或是千鸟格图纹的花朵胸针效果都是一级的棒;如果在拎包的外面再呼应一枚花形胸针,你便能即刻化身为"宴会女王"。

⑥ 棉质VS百搭

总的来说,棉质是最好搭配的胸针的材质布料,棉质服装搭配亚克力材质、皮草材质以及丝绸材质的胸针都很不错。但是需注意的是,棉质外套最好搭配皮草类,这样才不会显得过于孩子气。

35. 眼镜推起潮流波澜

在时尚风潮的推波助澜下,眼镜已增加了功能,不仅仅是保护视力这么简单了,已然成为了很多女性的饰物之一。各式的太阳镜是夏日里女性面部的一道风景,让女人增添许多神秘感;儒雅的金丝边眼镜使人联想到阅读、知识和智慧,成为女性知性魅力的注解;而"超级女声"周笔畅的黑框板材式眼镜,更成为了率性的代名词,给女性增添了中性魅力。

因此说,眼镜在显示其功能的同时,更成为了点缀女人万种风情的物件。从镜片到镜框,不但在颜色与材质上不断推陈出新,款式与设计更是五花八门、花样万千。眼镜已经成为表现女性个性不可缺少的时尚行头。尽管戴眼镜已经成为潮流,但它和所有的饰物一样,也要因人而异。有些款式的眼镜未必就适合你。所以,当你在为自己选择眼镜时,一定要先看好它的功能、用途、款式是否适合自己。

怎样选择功能性眼镜

如果你只能拥有一副眼镜,建议你选择款式简洁、材质和色彩都比较保守的。因为,这种眼镜可以任意搭配。例如,无框眼镜就很适合,因为它可以让脸以及脸四周保持一定空间,相对地能为其他饰物提供较大的搭配空间。

怎样选择镜框的颜色

眼镜镜框的颜色好比衣服的颜色，要和整体装束相配才好。和整个人相配就能映衬出你的良好气质，使你看起来容光焕发；若是搭配失当，整个人就会黯然失色，给人无精打采的感觉。

绿色的镜框非常醒目，最能让佩戴者成为众人瞩目的焦点；银白色的金属镜框闪耀着迷人的光彩，显得高贵；暗银色的框架质感强，让人看起来高雅大方；经特别设计的深咖啡色镜框，能在传统的色泽中创造出流行时尚；彩色的金属镜框俏皮可爱，较适合年轻女性；而明亮的黄色镜框给人活泼开朗的感觉，能塑造出一种异域情调；蓝色的复合式镜框新潮时髦，给人以清新感；葡萄紫镜框色给人活泼俏丽的感觉；暗红色的框架呈现十足的都市风情；传统的黑色圆形镜框则让你的中性魅力得以散发。

怎样使眼镜与脸形相协调

如果你不是很满意自己的脸形，可以用镜框的形状来改变。"圆上加圆""方中带方"所形成的视觉效果虽然会更加突出脸形的缺陷，但也不能矫枉过正地选一个与脸形截然相反的镜框，以免因镜框与脸形形成巨大的反差，远远看上去让人觉得滑稽。圆脸佳人要避免选择圆形镜框、方脸佳人要避免方形镜框；相反，圆脸佳人同样不适合方方正正的镜框、方脸佳人不适合圆形镜框。

比较镜框上下缘。如果下缘大则下颚会显胖；下缘小则下颚会显瘦。因此，脸稍胖的人要选择下缘微缩的镜框，下巴较

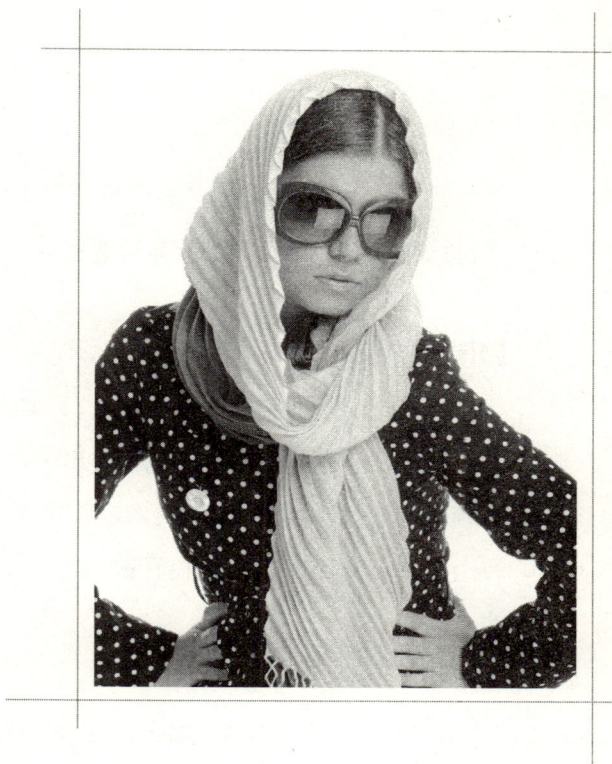

瘦的人则选择下缘微宽的镜框为宜。

镜框大小的选择

　　一般而言,戴上眼镜,眼睛要尽量居于镜框的中间,并且镜框大小最好不要超过脸部面积的三分之一,不要压到颧骨,也要避免超过颧骨的中间;而镜框上缘勿超过眉毛,若镜框上缘超过眉毛,眉毛会被框在镜框里,造成"双眉毛"的感觉(深色太阳镜则不在此列)。

怎样用眼镜修饰脸型

　　刻意装饰的地方往往是视觉的焦点,这时,可以巧妙地运用"转移焦点,强调重点"的原则来修饰脸型的大小与宽窄。例如:设计重点在上缘时,戴半

框眼镜是脸短的人或下庭(人中至下巴)比较短者的首选。用有特殊花纹的镜脚则会使脸显得宽些。

鼻梁处的设计

鼻梁处的设计会使两眼的距离、鼻梁的宽窄以及鼻子本身发生"长短"的变化。双眼距离宽或鼻子较长的佳人,可以选择有颜色的或特殊的鼻梁设计;双眼距离窄、鼻梁窄或鼻子较小较短的佳人,则鼻梁处的设计最好是透明的或是设计感不重的。

除此之外,不同类型的眼镜又能带给你不同的气质。

板材眼镜是色彩最丰富的镜框,也是形状变化最多样的镜框。一般来说,其价格较其他类型的镜框便宜,因此,应是收入水平一般的消费者的选择。

金属框架给人的感觉是细腻精致,最能体现佩戴者知性气质。佩戴此种眼镜的人,常常散发出智慧与知识兼备的美感。

半框架比起其他种类的镜框感觉更为清新,而且又比无边镜框富有变化,是目前较为流行的款式。

一副合适的眼镜,会使女人洋溢着青春的活力。因此,它被视为女性必不可少的一种饰品。

36. "系"出来的魅力

影星伊丽莎白·泰勒说："不系丝巾的女人是缺乏想象力的女人。"奥黛莉·赫本说："当我戴上丝巾的时候，我从没有那样明确地感受到我是一个女人，美丽的女人。"

很少有女人是不爱丝巾的。因为丝巾那飘逸动感的造型和美丽的图案色彩以及千变万化的系法，能为女性增添无限的魅力。

可以说，丝巾是魅力女人最女性化的饰物，是女人最爱的一方绢帕。那么，女性的妩媚、魅力怎样才能通过丝巾传达出来呢？让我们先了解一下丝巾与脸形的搭配法则。

圆形脸

圆脸的人，要想拉长脸部轮廓，最好将丝巾下垂的部分尽量拉长，强调纵向感，并注意保持从头至脚的纵向线条的完整性，尽量不要中断，这样脸形就会显得长些。

在系花结的时候，应选择那些适合个人着装风格的系结法，如钻石结、菱形花、玫瑰花、心形结、十字结等。应避免在颈部重叠围系，或系过分横向以及层次感太强的花结。

长形脸

选择左右展开的横向系法,能展现出领部朦胧的飘逸感,并可减弱脸部较长的感觉。如百合花结、项链结、双头结等,都很适合长形脸的女性。另外,蝴蝶结也很适合长形脸女士。系法就是先将丝巾拧转成略粗的棒状后,再系出蝴蝶结。应该注意的是,不要围得过紧,尽量让丝巾自然地下垂,渲染出朦胧的感觉。

倒三角形脸

从额头到下颌,脸的宽度渐渐变窄的倒三角形脸的人,会给人一种严厉的印象和面部单调的感觉。可利用丝巾让颈部充满层次感,再来一个稍微大一点儿的系结,会有很好的调节作用。如带叶的玫瑰花结、项链结、青花结等。

这类女性在佩戴丝巾时应注意减少丝巾围绕的环数,下垂的三角部分要尽可能自然展开,避免围系得太紧,并注重花结的横向及层次感。

四方形脸

两颊较宽,额头、下颌宽度和脸的长度基本相同的四方形脸型的人,容易让人觉得不够柔媚。因此,系丝巾时,尽量做到颈部周围干净利索,并在胸前打出些层次感强的花结,再配以线条简洁的上装,就可演绎出优雅的气质。丝巾的花结可选择基本花、九字结、长巾玫瑰花结等。

37. 你的**包包**时尚吗？

　　背包在时尚中,已经占有了相当重要的地位,它对女人具有画龙点睛的作用。同时,随着流行,它已经有了全新的定义,已不再是单纯装东西的背包了,其款式、质料、功能都有了全新的变化。背包已经渐渐成为女性不可缺少的饰物了。

包的基本样式

　　背包可以分为几种基本的样式,每种样式都有其不司的用途和适合的人群。

　　① 肩挂包

　　肩挂包是最轻巧,使用最方便的一种包。不论是上街购物还是乘公车上下班,只要把包往肩上一挂就会很有神采。这种包的另一大好处是解放了双手,双手可以不必"照料"包而自由活动。

　　② 手包

　　手包小巧精致,而且质料上乘。女人拿着这种包可显得优雅、含蓄、风度翩翩。缺点是容量小,而且还需双手的经常"照料"。这种包多适合参加晚宴、晚会以及公务洽谈时使用。

③ 提挎包

这是一种提带或长或短的提包,可拎可挎。这种包通常有很多口袋,容量大、功能多,各种场合都适用,是绝大多数女性的首选。这种包的质料各不相同,有布料、皮革以及其他各种材料。优点是方便、适用、随意,适合各种身份女性使用。缺点是过于大众化、没有个性和精致感。

现代流行包上的细节

随着包在女性饰品中地位的不断提升,关于包的各种细节上的设计也是越来越精致了。

① 毛毛花朵

镶嵌有各种花卉的装饰物包成为包中的新宠,这种点缀能让包的女主人在不经意间流露出女人味。

② 华丽钻石

在包的扣子或包面上镶嵌华丽闪亮的人造钻石是最时尚的设计之一,这些华丽的装饰最能体现古典风格与梦幻的气息,使女性显得雍容华贵。

③ 超大扣环

超级大的金属扣环也是最热门的装饰,这种包能表现出都市女郎的摩登气质。在夜晚派对上带上这种包,会使你闪亮出彩,使人感觉仿佛回到20世纪30年代,置身于奢靡风气之中。

④ 帆布背带

几乎所有的国际名牌,现在都采用了时髦的帆布背带设计,尤其是与皮质包搭配,更是极具现代感。

⑤ 圆手柄

这种包适合喜欢追求个性的女性,包的皮质更上乘;若与金属和丝质相搭配,则尽显奢华。

⑥ 多层重叠

将包设计成几层重叠的形式,显得非常有个性。这种包成为了时尚的新宠,广泛流行于年轻女子当中。

选购包的技巧

选包之前,首先要确定在什么场合使用。如果参加宴会,就选择款式新、质料好,可显出雍容华贵气质的小型包为好。

若是准备上班用,则应该选择容量足够大、容易搭配衣服的背挎包。

若要是出外旅行,就要选择体积大、重量轻、结实耐用的双肩背包。

在为自己选包时,首先要看看整体的做工是否精细,比如拉链是否顺滑、里衬是否结实、金属配件是否牢固等等。

皮包有真皮与人造革之分,真皮皮包往往更贵,让人看起来很有分量。而人造革的包往往以当季最流行的元素作为卖点,一过季就失去原有价值了。

总之,无论是选包、用包、购包,首先要根据自己的财力而定,不可盲目跟风,不可喜新厌旧,以免给自己造成巨大的经济负担。其次,要根据自己的用途而定。要明确目的,想好即将买来的包想干什么用,然后再去选购。再次,要根据自己的身份而定。如蓝领和白领女性就应该有所区别。最后,所选的包应具有长效性。当你下决心选择一个包时,应该考虑包的款式能流行多久。

38. 时髦装扮，从鞋子开始

俗话说："没有鞋，穷半截。"由此可以看出，鞋对于提升一个人的形象、气质起着相当重要的作用。

虽然鞋的款式越来越多，令人眼花缭乱，但原则却只有一个，即应该兼有美观和实用的特点，除了外表看上去漂亮抢眼之外，还必须要舒适，不会给双脚带来痛苦。那么，在选购鞋子的时候就要注意：不同样式的鞋子有不同的选购原则。

船形鞋的选用原则

第一，鞋跟最低不低于2厘米，最高不高于5厘米，否则就不适合走路了。

第二，不要选择鞋尖过重的鞋子，如果鞋子的重量全都集中在了鞋尖，就会增加脚趾的负担。

第三，鞋底中部凹陷的地方应该特别柔软，微显凹状，不然会产生反压力，使脚下少了支撑的力量。

第四，鞋子最宽的地方，要保留3分宽的鞋唇，鞋头也是一样，如果没有这种鞋唇，整个鞋线就包不牢固，穿了一段时间之后，鞋子很容易裂开。

第五，鞋头也很重要，好鞋鞋头部分应该有很强的弹力，皮质也应是最好的。因为走路时,是脚趾先着地,如果鞋头的弹力好,走起路来就会分外轻松。

第六,鞋面的皮质不但要柔软,而且要契合自己的脚形,选购鞋子的时候不能只看号码大小,还应该先试穿。

凉鞋的选用原则

凉鞋,因其独特魅力而备受女性青睐。一般鞋可以遮盖脚形,起到美化脚部缺陷的作用,凉鞋却不能。因此,凉鞋的选购,应与一般鞋不同。

第一, 购买凉鞋时千万不要被凉鞋光鲜漂亮的外表所迷惑, 一定要先想一想这双鞋子和自己想要搭配的衣服是否风格一致。如果不一致,再漂亮也应放弃。因为,总不能为了一双鞋子再买一套衣服吧。

第二, 因为凉鞋直接跟皮肤接触,所以一定要选皮质好的。建议最好是选择羊皮质的凉鞋。要是喜欢高跟凉鞋的话,选择中间部分有带儿的款式最适宜,这样可以避免脚背皮肤受伤。

第三, 凉鞋的大小最好是穿上凉鞋之后脚后跟有点突出来为宜,但注意,必须是赤脚试鞋。如果穿上袜子去试,就不能准确知道鞋的大小。

第四,穿丝袜再穿凉鞋,走路时为了防止脚滑,腰部就要特别用力。所以平时最好也不要着丝袜穿凉鞋,以免因脚滑而受伤。

靴子的选用原则

靴子的历史已经很悠久了。它的特点是适合搭配裙装和靴裤。女性穿上它更显窈窕、华贵、摩登;而且,靴子的适用季节也较长。缺点是穿脱不便,因此,年龄大的女性应慎选。选购靴子时应注意以下几个原则:

第一,靴子的鞋尖部分需留有多余空间。

第二,试穿时应来回走20余米,以进一步观察靴子是否合脚。长筒靴的靴筒不能太紧,否则会影响正常的血液循环。

第三,短筒靴靴筒的长度以高过脚踝10厘米左右为好,长筒靴的长度以达到膝盖下面为佳。

第四,皮靴的里衬也有讲究,高级的皮靴多采用皮衬,皮衬多采自牛皮的边皮及第三四层皮。

运动鞋的选用原则

随着人们生活方式的改变,越来越多的女性开始注重运动了。于是运动鞋已从运动员的脚下开始走向了万千女性,成为了女性喜爱的鞋之一。这种鞋的特点是兼休闲与运动为一体,穿着舒适轻便,是喜爱野外、户外运动女性的首选。在为自己选择理想的运动鞋时,应把握以下几个原则:

第一,选购时间和试穿。

选择运动鞋的最佳时间是在下午,因为此时脚最大,这时试能保证运动鞋的大小合适。试穿时要穿上袜子试鞋,并且把两只脚都试一下,要确保脚趾在鞋尖部位不觉得紧,让脚穿进去有舒适感。

第二,检查鞋的缓震性。

在选择运动鞋时,我们还要特别注意鞋的缓震性。因为各种运动都会有落地动作,因此,是否有缓震功能是运动鞋的检查重点,也是区别运动鞋功能与质量好坏的重要因素之一。一双具备缓震功能的鞋子,除可以预防运动伤害,防止胫骨痛、骨折及关节痛外,还可以减轻疲劳,提高运动效果,迅速恢复体力,不易造成双脚酸痛。

第三,弹性。

好的运动鞋应具有很好的反弹作用，穿上弹性不佳的运动鞋就会像在沙滩上跑步一样，一会儿就让人疲劳不已。

第四，避震性。

运动鞋的避震系统一般位于中底，专业鞋的气垫通常采用氨酯材料做气囊，气囊里是特殊高压的大分子气体。当气垫受到外部冲击时，它会迅速提供缓冲作用，使脚能柔软地着地，而气垫本身则会迅速恢复到原来的形状。这种专业气垫可以使鞋子变得更轻，从而减少体能的消耗，使运动效果更佳，而且不同用途的鞋子也设计有不同的气垫。有了这样的避震保护，当你的双脚面对坚硬及崎岖不平的山路时，肌肉、骨骼及关节都会得到最佳的保护。

总之，能为自己选择一双理想的鞋，就像时尚界教母Diana Vreeland说的那样："噱头或者蹩脚，是装扮的成败所在。"高跟鞋之王ManoloBlahnik也说："一双优质的鞋子，是时髦装扮的基础。"的确，身体的优雅移动，绝少不了一双舒适的好鞋。

第六篇

暗香浮动
——擦出魅力好味道

20世纪的时装大师香奈尔曾说过，不擦香水的女人是没有未来的。至于这样的评论是否武断，我们姑且不论，但是毫无疑问，香水肯定能为女性增添魅力。在人际交往越来越重要的今天，不懂得怎样使用香水，绝对是女性最大的缺憾。

39. 香水类型略窥

香水一向有"液体钻石"之称,无论何时,香水都是女人狂热追求的宠物。也许正因为如此,闻香识女人才成为一种极具魅力的时尚文化,让女人和男人都觉得美丽是诱人的。毫无疑问,香水使女人变得香甜,使女人变得高贵,使女人变得性感。

如今,市场上香水的牌子虽然越来越多,制造香水的材料也越来越广泛(已有2000多种),但依照其制造材料来划分,大致只能分为6种:

花香族(Floral)、绿香族(Green)、果香族(Citrus)、柏木族(Chypres)、东方族(Oriental)和醛香族(Aldehyde)。

根据香水中香精油的含量划分

① 浓香水

这种香水的特点是,含有最高浓度的香精油,最高可达30%,气味浓烈,价钱最昂贵。

② 淡香水

这种香水的特点是,含酒精和水的成分比浓香水高,香精油含量可高至18%。

③ 淡香氛

淡香氛的酒精含量很高，但香精油成分较少，最多只有15%。

④ 古龙水

古龙水跟淡香氛差不多，但香精油成分较淡香氛要少。

⑤ 喷雾

喷雾有时也称做"Splash"，是一种香味很淡的香水，香精油含量大约只有3%。

按香气的种类划分

① 单花型

单花型香水是指香水的原料以单一花香为主调，如玫瑰花型、茉莉花型等。

② 混合花型

这类香水是由几种花香配合后而形成的综合花香型，具有香味浓烈的特点，给人以奇妙的感觉。

③ 植物型

以野外一些清香的植物为原料，配成清香淡雅香型，给人清新的感觉。

④ 香料型

这种香型是以丁香、桂皮、香草等香料为原料配成的，表现一种持久的情感和思念。

⑤ 柑橘型

这种香型以柑橘、柠檬配制而成，具有香韵新鲜的特点，能使人心情愉快。

⑥ 东方型

东方型香水主要以薄荷和麝香为原料，韵味含蓄。

⑦ 森林型

犹如徜徉于森林中的绿色味道。

按香水的情调划分

① 鲜花情调

鲜花情调香水的芳香是女性化的、高雅的。其中除了玫瑰花或茉莉花等单一芳香及花群的综合芳香外，还有用乙醛制成的芳香。这种清淡的芳香特别为年轻人所喜欢，给人以活泼清纯的印象。因花群的芳香较甜美，故给人以特别女性化的感觉。

② 森林情调

森林情调香水的香味特点是具有神秘感、温暖感，而且能保持长久，令人联想起雨后森林中独特的清香。

③ 绿色情调

绿色情调香水的芳香比以上两种香水敏锐，具有春天新萌发的嫩叶或刚摘下来的树叶、青草的那种清新之香，给人以爽快、时髦的感觉。适合白天或运动时使用。

④ 东方情调

东方情调香水的香味最具深度和个性，只适合夜晚使用。这种香水持久性强，选择性也强，对不同皮肤、不同体味，均能柔和地扩散其芳香。

最昂贵的世界十大品牌香水

① 毕扬（Bijan）

由名牌服装设计师毕扬调制，是当今最昂贵的香水，属木香–龙涎香系列，有浓郁而神秘的东方香味，每盎司（约28克）售价高达300美元。

② 欢乐（Joy）

由巴黎服装设计师尚巴度推出，具有茉莉香味，名副其实能带给女性欢乐，每盎司售价高达230美元。

③ 第凡内（Tiffany）

其具有优雅的欧洲风格，以茉莉与玫瑰香味为主，混合丛林基调，每盎司售价高达200美元。

④ 狄娃（Diva）

其具有繁复的香味，适合最时髦和最浪漫的女性，由恩加罗公司出品，每盎司售价高达190美元。

⑤ 鸦片（Opium）

其具有浓郁的东方香味，神秘而具诱惑力，由圣洛朗公司出品，每盎司售价高达175美元。

⑥ 小马车（Caleche）

它是艾尔媚的招牌香水，每盎司售价高达170美元。

⑦ 艾佩芝（Arpege）

它有雅致的花香味，同时散发纯朴的气息，由龙芳公司推出，每盎司售价高达170美元。

⑧ 香奈尔5号香水（Chanel No.5）

它是老牌香水，1921年上市。"5"是香奈尔女士的幸运数字，在其精品系列中，珍珠表链、首饰，均以"5"为单位，其开瓶香味为花香乙醛调，持续香味为木香调，No.5的花香，精致地诠释了女性独特的妩媚与婉约，每盎司售价高达170美元。

⑨ 一千零一夜（Shalimar）

娇兰的香水，有东方松脂味道，每盎司售价高达170美元。

⑩ 象牙（Ivoire）

帕门推出的女性香水，风格清新，每盎司售价高达165美元。

40. 精致香气，尽展个性韵味

女性千姿百态，香水也多种多样，选择适合自己的香水，将展现个性，魅力四射。香水是体现女人万种风情的最佳手段，女人似花，没有谁不喜欢让自己香气袭人。然而，香水也是有其品位和个性的，只有适合自己的香水才能烘托出你独特的美丽和韵味。

适合活泼开朗型女士的香水

这类女士通常都拥有独立的个性及冒险精神，因此适宜选用一些比较淡雅、爽快、富有现代气息的香水。建议使用含有香柠、黑醋栗等新鲜水果气味的香水。这些香水可以展现这类女士活跃、率直、热情的一面。

适合朝气蓬勃型女士的香水

通常，这类女士的感情比较丰富，对亲人、朋友、爱侣都非常关心。此外，她们喜欢独立，不喜欢受束缚，也不愿意依赖别人；待人落落大方，性格有柔有刚。因此适宜选用一些清香飘逸，具有大众风格的香水。建议使用集柑橘的清雅及花木的香甜气息于一体的香水。这类香水能表现此类女士柔中带刚的特性；由百合、香罗兰、金雀衣、龙涎香有机混合而成的清新、悦人的芳

香,恰好与此类女士的开朗性格相符;而那些由月下香、水仙、金雀衣合成的鲜花芳香,优雅迷人,能尽展此类女士的大方风度。

适合沉稳冷静型女士的香水

沉稳而冷静是此类女士最突出的特点,因此那些气味幽香、馥郁芬芳型的香水比较合适。建议使用既有兰花的细腻,又有玫瑰芬芳的香水。因为这类香水具有含蓄而不夸张的特点,如同一位姑娘在轻轻地细诉衷肠;幽香来自小芬兰和西荃花的搭配,可将此类女士的内在美散发出来,使别人更了解她含蓄冷静以外的深情;此外,糅合玫瑰、牡丹和百合的花香精华的香水,也能尽展她们内心深处的柔情。

适合善感多情型女士的香水

这类女士很容易受感动,对周围的事物感觉敏锐,因此花香丝丝入扣的香水最适合她们了。建议使用糅合了杉树、玉桂、麝香、紫罗兰等芬芳味的香水。因为这种混合型香水具有丰富的内涵,是那些容易受感动的女士们内心的反映。此外,那些充满鲜花芬芳的香水能给人以温文尔雅的感觉,可尽展此类女士感性的一面;有的品牌香水由名贵香草与鲜花炼就,芳香馥郁,富于诱惑,可尽展此类女士多情温柔的个性;还有的香水花香交织,蕴藏无限生机,可以给那些情感丰富的女士留下迷人的芳踪。

适合温婉浪漫型女士的香水

拥有浪漫情调的女士最宜选用浓郁花香、诱发浪漫气息的香水,因为这类香水能将其独特的个性表现出来。那些含有康乃馨、玫瑰、茉莉等芬芳花香的香水,能够显示女性浪漫的一面;有的品牌香水以其怡人的鲜柠、香橙、柑橘的果香,再配合玫瑰、茉莉、紫罗兰等细腻的芳香,也会散发出温柔浪漫的气息,从而表现出此类女士迷人的风姿;而那些具有挥发性的香水,因芳香浓烈,会诱发无穷的幻想,能让此类女士驰骋于虚幻的世界中,浪漫陶醉一番。

不同层次、风格,不同爱好的人们,都有着自己对香水的特殊偏好。因此,女性在选用香水来增添自己魅力的同时,一定要选择适合自己的香型,千万不可弄巧成拙,破坏了气质。

41. 不同**场合**,同样心动

　　若有似无的香味会给人留下深刻的第一印象,那隐隐约约飘散着的香气,正是衬托女性魅力的无形装饰品。

　　无论是在办公室、宴会厅,还是在游乐场,只有根据不同的场合,选择适合自己的香味,才是魅力女性的成功之处。应该注意的是:香水不在多,而在于用得恰到好处。下面就让我们去熟悉相关礼节,试着用"香气"表现自己。

密闭空间如何使用香水

　　在车厢、戏院等空气循环不畅的空间里,应避免使用那些浓度高、挥发性强的香氛,以免刺鼻的香味影响他人。

参加严肃会议时如何使用香水

　　这种会议都非常注重气氛,有时你的香水会吸引别人的注意力,因此千万不要用浓香水。

工作时间如何使用香水

工作场所并非绝对禁止香水，但香水的气味只有淡雅，才可与周围环境相协调。因此切忌使用那些气味独特而又浓烈的香水。

用餐或赴宴时如何使用香水

进餐厅或赴宴时要特别留意香水的使用。因为这里讲究的是佳肴的色、香、味，若是你身上的香气太重，佳肴的香味就会被破坏。特别是身上香甜性感的香气太重，会影响他人的食欲。因此进餐厅时，只将香水抹在腰部以下才符合基本礼仪。如果是参加食物品尝会，则更应注意香水的使用。当然有酒的场合不拒绝香水味，所以在参加酒会时，可适当地擦一点儿香水。此外，参加品茶会时也应尽量避免使用香水，因为茶室内多会燃香，而香水则会破坏茶香和香料的气味。

医院中如何使用香水

到医院探望病人时，不宜送香味很浓的花，香水也是一样。去探望病人时，香水的味道应该以清淡为宜，因为病房是属于密闭式的空间，而且病人对味道也比一般人敏感，有些人可能会因为闻到香水的味道而感到不舒服。此外，当你自己去医院看病时，如果擦气味太浓的香水，就会影响医生的诊断，因为"闻"也是医生诊断病情的重要手段。

婚礼中如何使用香水

在这种喜气洋洋的场合，你可用香水尽展魅力，尽管随心所欲地按自己的个性去涂抹香水，因为香味可以倍增喜庆气氛。

约会时如何使用香水

在与情人约会时，重在如何吸引异性的注意力，所以应选用柑橘水果和苔类香草为原料的香水，因为它们含有可增添吸引力的激素成分。

雨天如何使用香水

因为雨天潮湿的空气会使香气在水分重的区域内难以弥散，所以应选用恬淡的香水。

户外如何使用香水

运动和逛街都容易出汗，一旦汗水与香水味混合在一起，就会产生一种怪味，令人敬而远之，这时要选用无酒精香水或运动型香水。

睡眠时如何使用香水

薰衣草或玫瑰精油有改善睡眠质量的功效，临睡前，在枕下少涂一点儿这种香水，一晚香梦就会随之而来。

总之，有些场合是不适合使用香水的，或必须谨慎使用。若是不懂得区分场合乱抹一气，你将被认为是一个"缺乏修养的人"，至少也是一个不懂礼仪的人。因此，使用香水一定记得要区分场合。

42. 香水使用有秘诀

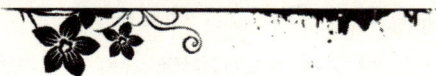

　　为提升品位，增加自己的魅力，同时也为了应付各种社交场合，越来越多的女性朋友开始习惯使用香水。的确，如能正确地使用香水，有时会产生意想不到的效果；相反，若使用不当，其负面影响也不容忽视。一些聪明的魅力女人，在日常生活中已逐渐总结出使用香水的最佳方法。

　　通常，香精以"点"的方式使用，香水以"线"的方式使用，而古龙水则以"面"的方式使用。除古龙水外，香水擦得越广，味道就越淡，这是使用香水的秘诀。

七点法

　　先将香水分别喷于左右手腕静脉处（即双手中指及无名指轻触对应手腕静脉处），随后轻触双耳后侧、后颈部；轻拢头发，并于发尾处停留稍许时间；接着双手手腕轻触相对应的手肘内侧；再使用喷雾器将香水喷于腰部左右两侧，左右手指分别轻触腰部喷香处，然后用沾有香水的手指轻触大腿内侧、左右腿膝盖内侧、脚踝内侧，由此七点擦香法到此结束。注意擦香过程中所有轻触动作都不应有磨擦，否则香料中的有机成分将发生化学反应，会破坏香水的原味。

喷雾法

在穿衣服前，让喷雾器距身体约10~20厘米，喷出雾状香水，喷洒范围越广越好，随后立于香雾中5分钟；或者将香水向空中大范围喷洒，然后让香雾慢慢落在身上。这样，就可以让香水均匀洒落于全身，散发出淡淡的清香。

使用香水时的注意事项：

贴身接触

让香水直接接触肌肤，身体的温热会使香气蒸腾，从而让香味慢慢挥发，使气味保持长久些。

少量多处

用点法让香水遍布全身，使周身散发出均匀而淡薄的香气，会产生若有若无的朦胧之香。此法应注意，耳根、手肘内侧、膝盖内侧是用香水的最佳处。

倾听香语

香水也有"语言"和品性，每一种香水都会以自己的独特韵味"诉说"着作用。"毒药"是桃花型香水，特点是性感、妩媚、多姿、妖娆；"沙丘"是葱郁自然的绿色植物型香水，它的特点是让人感到生命气息扑面而来，犹如置身于碧海蓝天之中；"鸦片"是经典的中性香水，特点是集男人的精明干练、成熟洒脱和女人的清香于一体，幽幽地散发着永不退去的爱之气息。

睡前使用

香水如花香一样具有镇静和安抚精神的作用,玫瑰、柑橘花、薰衣草、茉莉等都是催眠效果极佳的植物,将以此为主要原料的香水,滴二三滴在脚上与手腕之处及耳根之后再入睡,能使你的梦更香甜。

与化妆品香味相协调

香料的使用发展到今天,除香水外,护肤、护发、洗涤用品都在大量使用各种香料。因此在使用香水时,应注意香味与这些产品的香味是否协调。最好是在护肤洗发、沐浴一个小时后再使用香水。如果洗发沐浴产品为花香型,就应该使用"可可""沙丘""璀璨""蝴蝶夫人"之类的香水;若洗发沐浴产品为水果香型,"鸦片""迪奥小姐""驿动"等香水则较适合。要想充分强调香水的韵味,最好购买及使用无香型洗护用品,这样可以保证香水气味的纯正。

出门前20分钟使用

　　大多数香水的调配，分前调、中调、后调。前调持续时间为10分钟左右，中调持续时间约2小时，这一时段为香水的最佳时间；后调持续时间为2小时左右或更长，在与肌肤融合后的味道形成了此种香水的独特味道，因此又称为后味，即所谓的余香或体味。鉴于香水的特性，建议出门前20分钟使用，以便让香气发挥到极致。

敏感肌肤该怎样使用香水

　　敏感的肌肤不适于直接涂沫香水，可先在烫衣架上铺一条喷过香水的手帕，然后放上衣服，再用烧热的熨斗在衣服上面1~2厘米处移动。酒精遇热会蒸发，香味也就留在衣服上了。此外，身上也可携带一块喷上香水的手帕，最好是用酒精成分低的婴儿香水，例如"小熊宝宝"。

　　香水的使用是讲究方法的，只有恰到好处地使用香水，才会收到好的效果。所以，想做一个聪明的用香高手，就必须注意以上方法的运用。

43. 四季都有你的*清香*

　　女人钟爱香水，是因为香水为女性传达着个性。所以有品位的女性，从不会往自己身上胡乱涂抹香水，因为那样只会把自己弄得一团糟。不同味道的香水在调制之初，就已规定了适合它的顾客群，选定了它适合的场合、季节。因此，作为喜香族的女性，在使用中，除要确定选用的香水是否适合自己、应在哪些场合中使用外，还要重视它的季节性。

适合春天使用的香水

　　春季温度偏低，多风，气候干燥，皮肤最易过敏，因此香水尽量不要洒到皮肤上，应以洒在衣物上为佳。人对香气的领悟性在春季也较高，干燥的空气易使香气很快散发，香水应少洒多喷，并以清淡为主。如早春使用花香型，晚春使用果香型更能给人以清新感。

适合夏天使用的香水

　　夏季是传统的用香旺季。因为这一时段气候炎热，空气混浊，异味大，所以选用中性感觉的清涩植物香和天然草木清香的香水比较合适。夏季用香方法，男士一般多洒在头发、外衣上，女士洒在裙边处更佳。这一季节应以清

淡型香水为主。而且香水每次宜少量洒、勤洒，只要经常能保持愉快的、淡淡的香气即可。

适合秋天使用的香水

秋季是冬季的序曲，与冬季有许多相似之处，人的嗅觉也将变得迟钝，对香水的领悟性不高，因此香水可适当浓些，以洒在鬓边、衣领、手帕上为佳，各种香型都适合，没有严格的规定。

适合冬天使用的香水

东方人偏重强调夏季使用香水，其实冬季也是散发魅力的季节。寒冷的冬季，缺少绿色与生机，更需要用香来点缀。此时如选择香气浓郁一点儿的花香、植物香型的香水，会给人一种温暖、热烈的感觉。冬日寒冷的气候不利于香水的散发，香气挥发慢，因此留香时间较长，一次可少喷些。

44. 追求"香境"要注意

　　香水的作用如同一张名片，一个人的气质、品位、喜好，只在擦肩而过的一瞬间，就以特殊的方式传达给了对方。正确使用香水，在现代交往中显得日益重要。如使用得当，散发出的迷人香味，能增加女人的魅力；反之，则可能会让人避之不及。

　　公共场所人员众多且较杂，可能什么气味都有，香水固然好闻，但如果过于浓烈，或带有很呛的辛辣刺鼻味，周围的人处在被动接受的状态，反而会对你闻而生厌。所以尽量避免胡乱地涂抹一些比较普通、比较劣质的香水。这样的香水如和汗味、霉味、狐臭等许多种味道搅和在一起，会衍生出更加特殊的气味，叫人皱眉或者反胃。所以提醒你对以下方面一定要加以注意，以免影响了自身形象，折损了魅力。

忌使用过量

　　有些人认为香水喷洒越多就越香，实际上，少量香水散发出的香味才纯正。香水使用过量的结果只能是香气扑鼻钻心，从而形成过度的不良刺激，有碍环境。

忌掺杂混用

香水和化妆品一样,只有使用同一个系列时,香味才会纯正,柔和宜人。如果把不同品牌、各种香型的香水混用到一起,就会搞成香味大杂烩,不仅是对香水的浪费,而且多种香味混到一起,会变得不伦不类。丧失了自然的香型不说,还会产生让人不能接受的异味。

忌直接抹在暴露的皮肤上

喷、涂香水时,既要兼顾到能留香持久的部位,又要考虑对皮肤的保护。因一般香水内都含有化学香料,对皮肤有一定的刺激性,故香水不宜直接涂抹在皮肤上,特别是暴露部位,如面部、颈部。

忌喷洒在浅色衣物上

任何一种香水都会留下痕迹。如果将香水直接喷洒在衣服的明显处,特别是颜色较浅的衣服上时,会留下明显的斑迹。

忌喷洒在珠宝、金、银制品上

珠宝上亦应避免沾上香水。如果想佩戴珠宝、金、银饰品时,最好是先在其他部位喷好香水再戴,否则让这些饰物直接染上香水,其中的化学成分很可能会使之褪色、损伤,尤其是珍珠类,这些含有活性物质的东西,很容易受香水的影响而改变品质。

忌孕期使用香水

因为香水中含有的麝香成分,可能会对婴儿产生不良的副作用,所以孕妇应避免使用香水。

忌完全扫除女人味

有些职业女性以为女人味的香水会使自己的形象弱化．于是干脆擦上男性专用的香水去上班,其实这种做法是错误的。男性与女性的皮肤是有较大差异的,一旦你经常使用男性香水,会对皮肤造成不良影响,因此应该摈弃这种做法。但如果你真的喜欢以另一种方式来表现自己,最好选用中性清新型的香水。这不仅能让你散发出高雅的气质,而且会让人感到你有个性。

香水虽然是女人的最爱, 但如果使用不当, 不但不能发挥香水的最高"香境",还可能会失去香水给你带来的快乐心情。

45. 香气从哪里弥漫?

如今,香水虽然已经成为都市女性生活中不可缺少的一部分,但香水的使用要讲究方法。如果使用方法正确,却用错了部位,这就适得其反了,结果只能使昂贵的香水被白白地糟蹋。若要发挥香水的最佳效果,让你举手投足都能散发迷人的香气,就必须了解香水的正确使用部位。

耳后

女人擦香水最普遍的地方就是这个部位。因为这个部位体温高又不受紫外线的影响。不仅留香长久,而且不伤皮肤。

后颈部

如果是长发,擦过香水后可以用头发盖住,以避免紫外线的直接照射。但是这个部位的皮肤较敏感,须视个人的情况而定,因此应慎重使用。

头发

在发梢抹上香水，只要轻轻摆头，就会洋溢着迷人香气。但是与人聚餐时，最好不要在这里擦香水。

手肘内侧

手肘内侧属于体温高的部位，而且皮肤敏感度较低，香气的挥发会更直接。只要移动手肘就会散发出芬芳的香气。

腰部

参加聚餐时香水要擦在腰部以下的部位，这比擦在露出来的肌肤上更能使香味持久，还不易破坏佳肴的香味，而且随着肢体摆动，会让你摇曳生香。

手腕

秘诀是把香水擦在静脉上，这个部位的体温较高，又经常活动，是香气很容易散发的地方。

指尖

指尖由于使用频繁，经常会沾染上各种味道，因此应该养成常在这个地方擦点香水的习惯，特别是那些抽烟的人更应如此。但是，应提醒的是，对于从事餐饮业的女性和经常下厨房的家庭主妇就不必如此了。

膝盖内侧

在膝盖内侧抹上香水,能使你站起来时,由下往上散发出香气。如再补擦香水时,直接擦在丝袜上就可以了。

腿部

当你穿上丝袜之前,先在腿部、膝盖及脚踝内侧擦上香水,这样散发出来的香气不但典雅而且持久。

脚踝

在脚踝上方内侧擦上适量的香水,会使你每轻移一下莲步,都会散发出淡淡的幽香。若是要补擦香水时,别忘了这个部位。

裙摆

在这里喷上香水,每当你摆动裙子时,香味就会轻柔地扩散,让人对你产生典雅别致的感觉。

特别要提醒注意的是,腋下绝不可洒香水,因为这个部位是汗腺最发达的地方,如果香水在腋下和汗水混合在一起,往往会散发出令人作呕的异味。此外,若把香水洒在手提包或皮鞋等皮革制品上,也会和皮革的气味发生冲突。

总之,香水的使用部位是有讲究的,使用不当,不但不会收到好的效果,反而会因此而遭人厌恶。

46. 你懂得怎样选购 与保存香水吗？

市场上香水的品牌繁多，购买香水既不同于购买一双连裤袜（不可试穿），也不像购买一瓶洗涤剂(不必试用)。香水和食物一样,个人的好恶差异很大。不能因为"现在流行这个香味"或经不住"专柜人员诱惑"就购买。选购香水不能单凭视觉、嗅觉,必须试用后才能确定是否适合你的个人气质、风格。更不能仅靠闻一闻就草率地作出决定，这样只能白白地浪费你的血汗钱。下面推荐一些选购香水的方法供你参考。

外观

观察包装是否洁净、完整,名称、注册商标、产地等是否齐全。

香水液体状态

观察香水液体是否透明清澈,无沉淀、混浊、悬浮物等情况。

香水的颜色

香水的颜色以黄色、浅黄色及淡紫色较多,其他颜色则少见些。此外,香水的颜色应该柔和,不应过于鲜艳。

香水容器的密封性

由于香水是易挥发性液体，加上液体易被空气中的氧所氧化，因此通常都要求有较高的密封性。可以将从未开启的香水瓶靠近鼻子，闻一闻是否有香气。然后打开香水瓶后再盖严，稍停顿一下，如果还闻不到香气，这就表明瓶盖紧密无泄漏。

香水的香气

香水的香气应该纯正浓郁、沁人心脾，没有使人不愉快的刺鼻气味。香气的选择是选购香水中最重要的一步。选择香味的正确方法是，不要直接凑到瓶口去闻，而应在手背上滴1~2滴，或喷上少许，待酒精挥发后再去闻。当手背上的香水被体温加热后，所散发出的香气才能与实际使用时效果差不多。在决定购买前，还应先根据个人的喜好与不同用途，来确定自己所要购买香水的香型。

选购香水时不要一下子挑选很多种

连续试闻3种以上的香味，将会使人的嗅觉发生混乱，从而达不到挑选香水的目的。

选购香水时，最好选择傍晚时间

人的嗅觉在早晨和午后最迟钝，而在傍晚最灵敏。在傍晚选购香水，有助于选出最准确的香型。

选购香水时，要与自己的整体相协调

女人在选择香水时，应充分注意是否与自己的个性、年龄、职业相协调，注意与所使用的场所(休闲、社交、居家、旅游等)是否一致。

香水选择完毕后，要注意保存

香水一旦开封使用后，在正确保存的情况下，香味一般可维持3~5年。由于香水使用的香料，对外界物质相当敏感，保存时要非常小心。首先不得和空气接触。每次使用后须将盖子盖好，这样不但可避免酒精成分蒸发，也可防止空气中的氧将香水氧化而变质。

平时，香水不可摆放在阳光直射的地方，以免在强烈光线照射下，香味及颜色发生变化。最好的方法是，每天用过后，盖好瓶盖放回盒子里，再放置在阳光照射不到的抽屉中。

为防止香水因温度产生强烈的变化，对短时间不用的香水，可以用保鲜膜包好，再放进温度变化小的地方（如恒温箱中），这样才可避免受到外界的影响，使香水保存得更长久。即使是未开瓶的香水，也应细心存放在日光和温度变化较小的阴凉处。

总之，香水也需要特殊呵护。当你购买到称心如意的香水后，只有保存得当，香味才会更持久。

第七篇

魅力女性
——职场亮丽风景线

"魅力十足"，这是每个女人都想获得的赞美之词。的确，在这个推崇个性化发展、多元文化相交融的，充满激烈竞争的社会环境中，拥有良好的形象和个性魅力的职业女性，可以在人生的舞台上和职业生涯中拥有更多的成功机会。

47. 做个职场俏佳人

在快节奏的都市生活中,女性扮演着越来越重要的角色。她们在职场上一展锋芒,与男性平分秋色,甚至凭借着智慧和才干,领导着无数的男人。在很多人眼中,成功的职业女性似乎个个都是"铁娘子",因为黑色的套装掩盖了女性的柔美,展现的只是她们干练、刚强的一面。

事实上,无论是叱咤风云的女强人,还是小有成绩的白领、金领丽人们,在职场上除了表现出练达外,自信、理智、成熟、优雅的女人味也是格外重要的,而这一切都可以通过不同场合的得体着装表现出来。若想成为职场俏佳人,不妨从以下几方面做起。

要讲究自己的着装

女人该如何在外部包装好自己,似乎是个永远也说不尽的话题,而外包装又是通过衣饰体现出来的。因此得体的衣装不仅绝定着自己给人的第一印象,还代表着你的气质与魅力,这对职业女性尤为重要。

对于职业女性来说,包装还决定着事业的成败。这绝不是夸大其词。无论是何种规模的公司,对职员的着装都是非常重视的,有时甚至会作出硬性的规定。因为职员的着装不仅代表着公司的形象,更重要的是从中可以体现团队的精神,体现出企业的精神面貌,这对一个企业的发展是必不可缺的。一个穿着随便,或刻意去追求个性化的员工,没有一个老板会喜欢。因为他会让老板产生这样的想法:这一定是个难以融入集体的家伙,甚至很可能是匹害群之马,这样的人越少越好。一旦老板对你产生了这样的印象,你的前途何在? 因此,切不可把外包装当做一个无足轻重的小节。如果你想事业有成,就应该从这方面做起。

在职业装中演化出流行概念

女性着装,重在突出一个"美"字。因此,除工作以外,职业女性应根据不同场合适时改变一下自己,以另一种方式,展现出自己的魅力。

职业装虽然是一成不变的,但只要你能从中加以创造,它也会产生另一种风情,例如,细肩带背心、连身洋装、及膝裙等都是爱美女性衣橱内必不可少的流行款式,只要你能巧妙地把它们与职业装融合起来,就能穿出另一番新意。具体的穿法是,可以将性感的细肩带或是无肩平口服饰穿在西装下打底,及膝裙则可以与衬衫或是简单的背心上衣搭配,这样穿出来的效果就可以传递出知性美感;一件式洋装也非常适合与其他衣物混穿,如能在它的外面披上外套或是加上一件开襟针织衫,不但雅致,还很实用。如果当天晚上恰好要参加正式宴会或是与好友相聚,不用花费很多时间,只需将外套一脱,再把脸上的妆变亮,就会立即呈现出另一种不同的OL(Office Ladies,办公室女性)风情。

深色西服三件套，可搭配出另一番风情

西服套装是白领丽人的主流职业装，它的特点是简洁、大方，使人显得精明、干练。然而深色不单是指黑色，还有普蓝、深灰、深灰蓝等。如果你的上衣、西装裙和宽松长裤分别是这三种颜色，那搭配起来就又是一番风情了。在多数正式场合，它们可相互配套或分开搭配，这样的穿着不但能显示你的精明、干练，还能充分展现你的成熟、稳重与自信。

浅色无领三件套，尽显女人温柔

除了深色的西服套装，浅色的无领套装在办公室内也可以穿出不一样的效果。可将此三件套选为上衣、连衣裙和合体长裤，这样一来，就使它与深色套装形成了鲜明的对比，但效果却毫不逊色。例如浅色无领上衣，内配短袖齐膝合体连衣裙。在气氛相对严肃的办公室里，这套服装能给人以温柔甜蜜的感觉，从而能给他人带来一份好心情。也可以把它们分开穿用，当脱去上衣后，淡雅的合体连衣裙又可以让你尽显优雅，清新怡人。

选择有女人味的衬衣

在严谨、格式化的套装限制下，衬衣自然成了白领丽人体现个性和展示女人味的最佳选择。衬衣应准备5~8件，领型包括无领、高领、翻领、叠领等；颜色应有深色、浅色、灰色、印花等；衣长和袖长宜有长短之分。其中一款衬衣应可配裙成为两件套，并可直接与套装中的上衣搭配。编织背心是常与衬衣搭配穿用的必备衣物，一件合体简约的编织背心内配一件白色尖领衬衫，下配半截裙或长裤，都能展示出白领女性匀称而流畅的线条。而一件淡色的印花衬衣更如同清丽的内衣一样，能在展现理性的外衣下悄悄传达和表露女性的细腻情感。

不同场合的套装重组，可使女人韵味十足

在正规场合，白领女性着正式的套服或套裙最为适宜，但是平时，大可不必这样中规中矩。其实，套服、套裙也可以像其他服装那样拆开来重新组合，使原有的"棱角"化解，而增添一股舒适、随意的韵味。比如一套上长下短的黑色西服套裙，将其拆开，下配一条黑底白花、悬垂感较强的丝绸长裙，休闲风立即扑面而来；而短裙无论配什么样的上衣，都不失为明智的

搭配,因为黑色是最理想的陪衬色。又比如蓝底白花的大摆裙及领、扣、包镶裙料的蓝色上衣的组合套裙,将其拆开,上衣既可配白色休闲裙、裤,也可配蓝色休闲裙、裤,两者皆可起到上下"呼应"的作用;而下面的大摆裙则可配蓝、黑、白、黄等单色T恤,下松上紧,上短下长,同样可以穿出简洁、优雅的一面。

但要注意的是,套服的重新组合搭配应遵循以下原则:

第一,尽量采用邻色搭配和同色搭配,以营造一种和谐美;

第二,尽量采用长短搭配和松紧搭配,以营造一种参差美;

第三,尽量使上下面料厚薄一致,以营造一种平衡美。

此外,还应注意在这些重新组合中辅以适当的配饰,才能起到"画龙点睛"的作用。比如素色上衣配光泽度较高的金银首饰;休闲上衣配各种天然材质的首饰;白西裤上面配一件夕阳红色的丝绒紧身短袖衫,再在脖子上挂一串珍珠项链,既优雅、端庄,而又不失性感;白西服则可内配一条碎花纯棉连衣裙,再在腕上戴一对木工手镯,其白领形象"硬中有软",又不乏娇娇俏俏的女人味。

白领丽人是都市女性中独特而靓丽的群体。只要能依据场合穿衣,合理巧妙搭配,你就可以穿出自己的个性,散发迷人的知性风采,为魅力大大加分。

48. 办公室之"优雅"内涵

办公室是个很特别的地方,作为职业女性,掌握一些必要的办公室礼仪十分重要,这不仅能充分展现你优雅得体的内涵,散发职场丽人独特的魅力,以最快的速度建立良好的人际关系,还会很自然地得到老板的重视。相信没有人愿意在办公室里因为失礼而成为众人关注的焦点,并因此给人们留下不良的印象。为了使自己的仪容服饰符合办公室的礼仪规范,你须注意以下几点。

在发型上

职业女性在发型上应力求流畅、简洁、整齐、清新、易梳理。这样的发型不仅方便职场办公,更可以透露出一股成熟、干练的理性风韵。至于"市面"上那些赶时髦或浪漫、花哨的发型,是绝对不可以带到办公室来的,它们会让你显得浮躁,缺乏稳重感,不适合担当重任。

在化妆上

职业女性化妆的目的主要是给人清爽亮丽、潇洒典雅、精神抖擞的感觉，且又能衬托肌肤和神韵之美。因此，化妆应以轻柔、优雅的淡妆为主，切忌浓妆艳抹。

在使用香水上

使用香水最好"吝啬"点儿，过分浓郁的香水味，会扰乱同事的办公情绪，影响办公室的空气。只要在脉搏跳动处或脖颈儿、耳根涂上一点儿香水就足够了。

在衣着上

职场女性的着装最好以简朴、大方、舒适、利落，便于行动为要，这样才符合你在职场中的身份。切不可把休闲服以及过于时髦的装束穿进办公室，以免因过分张扬而影响了你的形象。

49. 举止**仪态**七忌，职场女性谨记

在办公室里，除了需要注意自身的仪容服饰外，举止也不容忽视，因为它反映了一个人的修养。不管你的仪容服饰多么亮丽、得体、可人，一旦举手投足有失态的地方，你的整体形象就可能被"打折扣"。因此在办公室里你须注意：

化妆忌讳公开化

有的女性在办公室里当众涂脂抹粉，描眉画唇；有的无论是早上刚到办公室，还是下班前，都躲在洗手间花上大半个小时给自己上妆，而且丝毫不以为意。殊不知这些做法不但影响了同事们的工作情绪，还会表现你不够敬业，而你的上司更会认为你的心思根本没有放在工作上。

在办公室脱鞋是仪态的大忌

在办公室里脱鞋会显得你粗俗、没教养。如果穿着暴露足趾的鞋，就要小心注意足趾间的整洁。此外，坐着时不要跷二郎腿，更不要抖腿，这些都会招来同事的白眼。

保持微笑是良好仪态中最重要的一环

因为微笑代表着你的自信、随和、可亲近。办公室里的行走姿势也很重要，如果在办公室行走时颔首凹胸，就会显得无精打彩；而如果昂首阔步，收腹挺胸，面露微笑，你的自信会自然流露。

注意打电话的姿势

很多的女性朋友在打电话时很不注意形象。有时一副旁若无人的样子，或撒娇卖嗲，或叽叽喳喳；有时粗声大气，没有一点儿淑女味！打电话最好养成左手拿话筒的习惯，以便右手空出来后随时都可将对方所讲的话或重要事项记下来。另外尽量站着听电话，即使采取坐姿，也要挺直上身。如遇到不礼貌者也应该控制情绪，稍安勿躁，以礼相答。

养成守时的习惯

如果参加会议,应比预定时间早到5分钟,这样最能体现你的效率原则。上班迟到会给人留下不好的印象。因此,应提前几分钟到达,以便做好工作前的准备。

少打与工作无关的电话

工作时间内,常看到一些女性朋友接打私人电话,而且常常一唠就是十几分钟。这种做法是不可取的。这不但会影响其他同事的工作,往往还会误事,因为你长时间地占用电话,外面的信息就难以传递进来。此外,打电话时的语言要简洁、明了。即使是因公事而打上一刻钟以上的电话,也会令人怀疑你的工作能力,至少在概括能力上就暴露了你的不足。

多使用内线电话而少窜办公室

如果你要跟其他办公室的同事交代事情或交换看法,打内线电话能节约许多花在寒暄及周旋上的时间,有益于养成单刀直入的工作作风。这也是一种成本低廉的提高效率的办法。

作为职业女性,很好地掌握并应用职场中的礼仪规范,会使你在工作中左右逢源,使你的事业蒸蒸日上,同时,你的女性魅力也会随之攀升。

50. 善用自身*魅力*
——职业女性与男性的相处之道

现代的职业女性因工作的关系，要和很多男同事在一起共事，如何与异性相处，就成为非常重要的大事了。所以现代女性不应该扮演冰山美人，板着脸孔坚决维护"男女授受不亲"的古训，拒绝同一切异性交往；而是应该善用女性的魅力，与男同事和睦相处，在自己的周围营造一种和谐的工作气氛，以寻求出人头地的机会。那么在办公室里，白领女性该如何与男同事并肩共事、和睦相处呢？以下的几点建议，可供参考。

要仔细聆听男同事的谈话

白领女性和男同事共事时，要仔细聆听他们的谈话，以便从中获取有价值的情报，得到有益的启示。这样也可以使自己在与他们沟通时，有话可谈。

以工作为目的，恰到好处地与男同事沟通感情

职业女性也可以主动约男同事或主管出去喝茶，交换意见；但要言之有物，避免触犯他人的隐私，或谈些无聊的东西。这样可以在体现你的坦诚和高雅的同时，达到沟通感情的目的。当他们和你成为朋友时，你在工作上的各种困难，自然就会因为有人帮忙而得到顺利的解决。

善于帮助他人，可改善人际关系

下班时，不要到点就急着说再见回家，应设法帮助和关心还在忙于工作的同事。这样可以在工作中自然地建立起友情，使你在人际关系方面更加融洽，更有人气。

不要把情绪带到工作中

人一忙就会闹情绪，变得事事不耐烦。因此，职业女性务必要注意，即使工作再忙，也要注意说话的态度，不要伤害到同事们，可能一句话就会使你葬送一个朋友或同事。这样，他们会认为你是一个极为"情绪化"、不理智的人，不愿与你交往。

说笑时不要嗲声嗲气

许多男同事对女性在说笑时表现出的嗲声嗲气，或娇滴滴的样子非常反感。因此，职业女性应时常对照自己是否有这方面的不足，努力做到"有则改之，无则加勉"，让男同事喜欢和你交往。

展现女性温柔的一面

职业女性除了应让男同事和主管看见你理性、坚强的一面外，也要适时地展现出温柔的一面，如带鲜花到办公室，插在人们容易看见的地方，或者经常主动询问一下他们的家事，这些都可让人觉得你很有女人味。

与男同事之间保持适当的距离

异性同事间，本来就有性别上的差异，再加上办公室里流言蜚语甚多，因此更应注意彼此之间的适当距离。对异性采取大方而不轻浮的态度是同异性在工作中交往的一个很重要的原则。

要善用你的温柔与幽默

当你和办公室里的男士意见不统一时，先别急着翻脸，应该保持风度，维持笑容，气定神闲，甚至可以摆出一副低姿态来促使僵局得到有效化解。大部分男人都是吃软不吃硬的，当你摆出愿意妥协的姿态时，他往往会先被你所软化，妥协得比你更彻底。此外，女人应当注意培养自己的幽默感，因为在适当时机加入适度的幽默，不但可以化解僵局，还可以消除双方的紧张和压力。

要适时赞美和鼓励你的男同事

几乎所有的男人都喜欢被女人赞美和崇拜。当你觉得某位男同事表现突出时，不妨大方地说出你的赞美语言，这不但能给对方极大的激励，也容易获得对方的好感，从而赢得友谊。此外，虚心向男同事讨教，也是提高男性尊严的好方法。

要有良好的工作业绩

工作业绩是衡量一个人素质高低的砝码。突出的工作成绩最有说服力，最能让人信服和敬佩。对于职业女性来说，良好的工作业绩不仅能够证明你的工作能力，而且还能扭转你在男同事眼中"弱者"的形象，从而令他们对你刮目相看。

要控制自己的眼泪，别轻意流露感情

许多男人对职业女性的看法是，她们不懂得控制自己的眼泪。眼泪虽然是很多女人表达情感的首选载体，但这对职场中的白领女性是绝对该禁止的。因为这会使男人感到不舒服，并会因此而瞧不起她们，认为一个连自己感情都无法管理的女性所作出的决定是不值得信任的。如果你想在工作上做出成绩，就必须学会控制眼泪，勇于面对失败和压力，这样才能赢得男人的尊敬。

总之，白领女性只要能做到善解人意，不矫揉造作，刚柔相济，就一定能得到周围男同事的认可。

51. 人际关系"小事情"放心上

同事和办公室是个特殊的群体和环境。在办公室里,大家应该既是同事关系又是朋友关系。但如果处理不当,把握不好一个"度",很多看起来不起眼儿的"小事情",就会影响到人际关系,以致破坏工作氛围和团队的协作。对职业女性来说,搞好办公室的人际关系尤为重要,良好的人际关系不仅会创造一个和谐的工作环境,也是女人获得事业成功的有效途径。那么,作为职业女性,怎样才能搞好办公室的人际关系呢? 不妨参考一下以下几点建议。

不拉小圈子,不互传小道消息

作为职业女性,在办公室内切忌私自拉帮结派,搞小圈子,这样容易引发圈外人的对立情绪。更不应该学"长舌妇",在圈内圈外散布小道消息,充当消息"灵通"人士,这样不但会毁了自己的形象,而且永远不会得到他人的坦诚对待,他们只会对你避之唯恐不及。

不把牢骚时刻挂在嘴边

工作时应该保持高昂的情绪和严谨的工作作风,即使遇到一些挫折,饱受委屈,甚至得不到领导的信任,也不要牢骚满腹、怨气冲天。这样做的结果,只会适得其反。要么招人嫌,要么被人瞧不起。

不趋炎附势,攀龙附凤

做人就要光明正大、诚实正派,人前人后不要有两张面孔。领导面前充分表现自己,办事积极主动,极尽溜拍功夫;同事或下属面前,推三阻四、横挑鼻子竖挑眼,一副予人恩惠的脸孔。长此以往,留给自己的只能是被别人冷落。

不逢人诉苦

把自己痛苦的经历当做一谈再谈、永远不变的话题,只能让人对你"退避三舍"。因为,办公室不是诉苦的场所,而同事也不会因你的"苦难"产生几分同情。所以,即使你有一肚子的"苦水",也不要在这里"吐"。最好的办法是,忘记过去的伤心事,把精力投入到工作中,做一个生活的强者。只有这样,人们才会对你投以敬佩的目光。

不做办公室的"另类"

办公室是讲究庄重的场所,因此无论穿衣,还是举止言谈,切记不要花哨、轻浮,否则只能给人留下风骚或另类的印象,这样会招致办公室内其他人的耻笑和轻视。同时,轻者你会被认定为缺乏务实、实干精神;重者,很可能被当做"另类"清除出办公室。

要搞好办公室的人际关系,还应该讲究方法。如果你是一个职场新人,不妨按照以下几点去做,这可能会使你在短时间内赢得周围人的好感,很快融入到集体中来。

故意显露笨拙的一面，让对方觉得比你强

面对比自己优秀的人时，人们常常会生出一种挫折感，并自然而然对其产生反感。因此，作为一个职场新人，即使你有"三头六臂"，也应该在同事、上司面前收敛自己，故意表现出无知单纯的一面，以懂也装不懂的形象出现，让对方觉得比你强，使自己从中受益。事实上，有些职业女性不会隐藏自己的锋芒，工作中处处表现自己、显示能力超强，结果在无形中已惹来了其他人的嫉妒，从而不能被周围人所接纳。

适当说些自己的私事，拉近彼此间的距离

与同事在一起时，不要张口就谈工作上的事，这样很容易让人产生反感，让人觉得你假正经。如果你真想谈论工作，不妨先暂时抛开主题，谈及共同的话题，或自己生活中的繁杂琐事，以求达到心灵的共鸣；然后再渐渐地将工作上的事引入话题。此外，在办公室里与同事谈及私事，还可以制造出彼此间的亲密感，拉近彼此的距离。但应注意的是，私事并不包括隐私。如果你向别人泄漏自己的隐私，别人可能会以此为笑柄攻击你；如果随意论及他人的隐私，也会引起别人对你的不满，并乘机报复你。

学会倾听，让对方感受到你的真诚

一个时时带着耳朵的人远比一个只长着嘴巴的人讨人喜欢。与人沟通时，只顾自己喋喋不休，根本不管对方是否有兴趣听，这是很不礼貌的，也极易让人产生反感。这时，你就应学会倾听，让对方在说话的同时感觉到你的真诚可信，从而主动与你合作。

对于职业女性来说，职场就是一个大的社交圈，而办公室恰恰是其中的一部分。只有搞好办公室的人际关系，你才可以处处受人欢迎，引起上司的重视。这就是成功的基础。

52. 当**女上司**遇上男员工

在男性占据强势的职场中,女人若要闯出一片天,必须表现得比男性更强才行。对于已担任了领导职务的女性来说,面临的困难将会更多。首先是来自男性下属的压力。由于长期形成的传统观念,男性大多不愿意接受女性的领导,因而会极力排斥。其次是来自女性下属的压力。通常,进入职场中的女性都是很优秀的,她们不希望一个经历与自己差不多、能力又相差无几的同性成为自己的顶头上司。因此会刻意制造些难题来贬低你。在这种双重压力下,如果你是一位上司该怎么做呢?学识和能力固然重要,但人际关系和人格魅力才是你成功的关键。以下的几点建议,或许能对你有所帮助。

既让男性下属恭敬,又要他们从命

成功的职业女性,要面临多方面的压力。除了来自上司的压力和工作的压力之外,男性下属的不服从也是很大的麻烦。作为女上司,如果你对他温婉退让、循循善诱,他会认为你没有领导魄力,会的只是婆婆妈妈的那一套,而更加瞧不起你。因此,对待这类男性下属,没有必要优礼有加,处处谦让;而应拿出上级的权威,让他在你的领导能力与办事魄力中心服口服、恭敬从命。当然,这要分对象。若能采取恩威并举的办法肯定会奏效。不过这种恩一定要建立在威的基础上，尤其是你的下属是女性时，使用这种方式是再合适不过了。

适当维护男下属的自尊心

男人的自尊心一向很强，容不得别人的批评或是小小的打击。尤其是在众人面前受到女上司的严厉批评时，他们便会感到颜面尽扫，丧失了尊严，从而产生抗拒心理。既然男人如此注重面子和尊严，你就必须懂得因势利导，在适当的时候维护他们的自尊。当然，这种维护并不意味着事事忍让、百依百顺，而是应该注意方法。发现他们有错，背后严厉批评；一旦有了长处，应该当众表扬，让他们觉得你通情达理，公正公平。但要记住，无论是批评或是夸奖都要有事实、有依据，做到有的放矢。否则很可能引起对方的误会，认为你是在对他有意嘲笑或是打击，从而令你尴尬。

寻求与下属的共同点，让他们与你相处时自然融洽

通常情况下，男人在面对自己的女上司时，常常会手足无措，因为他所面对的这个人，既是自己的上司，又是一个名副其实的女人。在这种情况下，作为上司的你就应该设法消除他们的这种心理，努力寻求一个共同点，使之产生共鸣，这样相处起来就会融洽得多。应注意的是，要想达到这个目的，必须先弄清他们的喜好，然后再对症下药。例如，你的男下属是个乒乓球运动爱好者，你可以在这方面多请教他；如果男下属是个烹饪高手，你可在工作之余，多和他交流一下这方面的经验等等。一旦有了共同的爱好，感情自然会融洽起来。

学会征求下属的意见，让他们有价值感

人人都喜欢被赞赏，你的下属当然也不例外。当你作出某项决定时，不妨先征求一下下属的意见，这也是对他们能力的肯定和赞赏。因为这表示你在重视他们的才能和经验，肯定他们的价值。但须注意的是，在征求下属的意见时，不要事无大小都去过问一番，这样会令他们觉得你缺乏主见，没有判断力，不懂得抉择，从而忽视你的地位，对你产生不敬之心。

别让眼泪表现出软弱，以免受到他人的鄙视

女性之所以让人感觉很脆弱，就是因为爱哭。生活中，女人的眼泪很容易诱发男人的怜惜之情，但在职场中，哭只能证明你脆弱，解决不了任何问题。此外，这种女性化的情绪是没人喜欢接受的。如果你是个领导者，哭泣不但有损你的威严，也会证明

你的无能。虽然有些情况下，男人能接受某些女人的眼泪，但对自己的上司却绝对不能。他们会鄙视动不动就哭的女人，并以此断定该人不能担当重任。所以，你一定要学会控制自己的眼泪。

多让下属去做事，让他们感到有机会

职场中的女性一旦得到提升，便会觉得自己更应加倍努力，因此，样样都要亲自接手来做，结果弄得自己心力交瘁，疲惫不堪。这种做法显然是不可取的。一方面，这种做法会使自己的工作负荷加大，累及身心；另一方面，由于你的一手包办，很容易使下属产生依赖性，从而难以发挥整体的才能。因此，作为上司，你必须学会妥善地向下属布置工作，明确哪些是你该做的，哪些是下属该做的。要相信下属并给下属以参与的机会。

多与同级或高层人士交往

如果你想长久地保持女上司的形象，并要别人承认你的地位，就应该多与自己同级或更高职位的朋友交往，这么做并不是势利，而是职业的需要。在职场内，等级观念特别受重视，你和什么层次的朋友交往，往往就是你身份的象征。如果你稍稍留意一下，便会发觉别的主管也是这样。

不要同当主管前的下属朋友走得过近

假如你做一位主管的秘书时，已和别的主管秘书成了莫逆之交，当你脱颖而出升了主管后，在工作中，就要避免与她们走得过近，当然在工作之余，你们仍可以是亲密朋友。这是因为，一方面别人会怀疑你的工作能力和领导才能；另一方面，她们也会因你在场而心生顾忌，毕竟领导和下属的身份有别。但是，在业余时间就不必讲究这些了。

讲究批评他人的方法

作为一个女上司，对男性下属的批评总是难免的。但为了工作，还必须该批评就批评，但应该注意批评的方法。例如，在批评之前，能先说几句真心赞赏的话，然后再具体地指出哪点做得不对，最后再提出建设性的意见，并提供改进的方法，那他一定会诚心地接受的；同时还会让他对你心存感激、尊敬有加。此外，为了达到更好的批评效果，不要在众多同事面前批评下属，也不要在一个下属面前说另外一个下属的不是。

收起你的偏袒之心，对下属一视同仁

作为女上司，应对属下一视同仁，凡事处以公心，不要因为属下是自己的朋友就起了偏袒之心，有错也百般袒护，这会让你失去威信的。此外，如果一再容忍下属的过错，不仅表明你不负责任，而且你的领导威信也很难树立，以后的工作将难以展开。因为一个优柔寡断、处事不公的女上司，是根本不会得到下属的信服的。

总之，作为一个女上司，在下属中的威信比什么都重要，而威信又是在平时的一点一滴中树立起来的。因此不要忘记，你既是个领导者，又是个率先垂范的榜样。只有这样，你才会称职、服众。

53. 办公室，别做这六种女人

　　几个人、十几个人在一个办公室或者办公区域里工作，如果有一个良好的工作环境，自然有助于提高工作效率。要创造出这种良好的环境除了硬件设施外，良好的人际关系，融洽的团队精神更是相当重要的因素。而办公室里的不和谐气氛往往都是人为造成的，这就不能不提醒职业女性朋友加以注意。作为职场女人，在办公室里最不受欢迎的就是以下六种行为。

当弱者的女人

　　虽然绝大部分的女人都希望展现出自己不弱于男士的一面，但仍有少数女人甘愿成为弱者，试图得到男同事的照顾。因此在工作上不愿承担重任，甚至推卸责任；而好事却抢在前头，争福利，争奖金，大有"巾帼不让须眉"的架势。尤其是那些有点儿"背景"的女人，这种现象就更加明显。这样的女人最让男同事从心里讨厌，虽然有时碍于情面，嘴上不说，但是心里会很厌恶的。

　　其实，在男女同工同酬的职场中，每个人的责任和义务都是相同的,绝不能因为性别的差异,就自己放弃了应承担的工作。那种动不动就把责任推给别人,而只想坐享其成的做法,只会使自己在办公室里人缘尽失,从而变成一个令人讨厌的"害群之马"。

经常结成小群体的女人

很多职业女性,尤其是年轻的女孩子都有这种倾向,喜欢与自己年龄、性格差不多的女人结成小群体。如果是私下做朋友还情有可原。但如果将这种"群体"、"小帮派"带到工作岗位上,就很容易让人反感了。

一个办公室就是一个整体,它往往是由不同年龄、不同性别的人组成的,只有大家团结一致,劲儿往一处使,才会产生效率,才能完成任务。如果几个要好的小姐妹另组成一个群体,势必要造成同事之间的隔阂,从而分化了集体的力量。此外,据社会学家调查,关系融洽的小群体不一定是高效的群体。而且这些人往往都不够敬业,忽视集体的作用,难以承担重任。在一个团队中根据感情而组成的小群体,还容易陷入职场的"政治旋涡"中。所以,一定不要在办公室里结成小团体,这也是老板最讨厌的。

经常抱怨工作的女人

有些职场女性一边埋头工作,一边对工作不满;一边在完成任务,一边又满腹牢骚。这种工作态度会让人觉得你是个干扰工作、缺乏信心和能力的人,只会对工作气氛和周围同事造成不良影响,从而使自己在公司里的生存受到威胁。

如果你希望工作环境好一点儿,或感觉工作量多得让你难以承受,可以在适当的场合,用适当的方式向你的上司反映。如果只是一味地抱怨,人前背后一个劲地发牢骚,不仅工作白干了,而且会被同事所讨厌。这样一来,不仅同事们不会与你相处,上司也会把你圈定在裁员名单上,一旦裁员的消息公布,第一个考虑的人可能就是你。

乱发脾气的女人

有些女性在工作不顺利时，经常会发些小脾气，其原因不过是觉得自己比别人干得多，领导不重视自己，或是生活不顺心等。此外，还有些女性因办公室里的一些芝麻小事而火气冲天，结果弄得自己众叛亲离，成为办公室里的"孤家寡人"。

无论出于何种原因，办公室都不是发脾气的地方。这是因为，同事之间即使是感情相投，也只能当朋友相处，而绝不可能成为真正的朋友。你随便把人家当成"出气筒"，换来的只能是别人的讨厌，而不是理解和原谅。所以，要注意绝对不能把情绪发到同事身上。受了委屈，便无节制地吵闹，不仅于事无补，还会显得自己心胸狭隘、性情粗鄙。一个人给人留下了这种印象，上司怎么能重用你！正确的方法是，应在"和风细雨"中阐明情况，争取得到同事和上司的理解。

性情高傲的女人

凡是那种过于高傲，总是拿自己太当回事的人肯定不会有人缘。这类人通常缺少亲和力，不合群，喜欢独来独往，更不愿接纳别人的意见。

其实，身为职业女性，要想在职场中求生存、求发展，就必须要低姿态做人，虚心向周围的同事学习和请教。这样，不仅有利于提高自己的能力，也会得到周围人的认可，从而使自己多一份好人缘，有更多的发展机会。而一味自视清高、目中无人，只会让自己在短时间内失去一切，更别说未来的前途了。别忘了中国那句老话："水至清则无鱼。"

不肯接受别人意见的女人

有些女人在工作时常常自以为是，认为自己的工作无可挑剔。因此每当有人对她的工作提出意见，并好心地帮她纠正错误时，便表现出一副非常不高兴的样子，甚至会挖苦别人几句。

其实，世上人无完人，每个人都会有自己的长处与短处，只有大家在一起相互取长补短，才能出色地完成任务。如果不能虚心接受同事那些善意的建议和意见，不仅不能提高自己，同事之间也根本无法默契合作，更谈不上高效率地工作了。因此，面对同事的意见和建议，应持有"有则改之，无则加勉"的态度。

以上六种职场女人在办公室里最不受欢迎。如果你不幸身为其中的一种，那就应该尽快修正自己，摈弃那些影响自身形象、不利于职场发展的坏情绪和坏习惯，努力使自己成为果断、干练，但又不乏温情与亲和力的职场魅力女性。

第八篇

智慧赢真爱
——魅力女性新爱情观

爱情，是一个美丽的词汇，它是男女双方共同的情感追求。女人也许会问：男人喜欢什么样的女人？这个问题恐怕只有男人才能有深刻的体会和感知：漂亮的女人当然是首选，因为喜欢美丽是人的一种天性。但为什么有些漂亮的女人却不被男人喜爱，说到底就是缺少魅力。有的女人虽然没有让人惊叹的外貌，但是她却十分温柔，善解人意；有的女人小鸟依人；有的女人端庄优雅；有的女人和蔼亲切；有的女人文质彬彬。这些都是女人的魅力所在，都能让男人为之倾倒。

　　懂得用魅力为自己赢得爱情的女人是聪明智慧的女人。因为她们明白，用魅力赢得的爱情方能天长地久。

54. 知己知彼，爱情升温

当爱情就要来临时，很多女性往往不知所措，不知道怎样应对。古话说得好，"知己知彼"方能"百战不殆"，对待爱情也是如此。女人首先要充分了解你心仪的男人，然后才能获得爱情，拥有幸福。了解你心仪的男子，才能针对他的喜好充分展现女性的魅力，使你们的爱情迅速升温，最后完美结合。

了解心仪的男性，不能以偏概全。每个男人都有优点，也有缺点，要全面地看待他的优缺点。而且，男性心理特点与女性不同，所以不能用了解女性的方法去了解男性，而应当用了解男性的方法去了解他们。下面提供的十种方法，可以让你通过生活中的一些小细节了解你心仪的男人。

要去他家做一次客，了解他的爱好

去他家做客，从他家中摆设的一些小物品来分析他的性格。他的家是"书香门第"，还是"足球天堂"？墙上贴的是和家人的合影，还是美女海报？床上用品是纯净的白色，还是金属质感的深灰色？整个家装是时代感极强，还是古香古色？从他家里的一些细节中就能够判断出他的性格、爱好以及生活倾向。这样，你就能更充分地了解他了。

要多接触他的朋友，判断他是不是你所要的男人

男人的朋友圈最能反映他的品位，因为"物以类聚，人以群分"。如果他的朋友都是儒雅、有教养之士，那么他也一定是这样的男人；若是他的朋友都是些酒肉朋友，那么，他也一定是个酒肉之徒。一个人的交友取向最能体现出他的本来面目，最能显示他真实的一面。在你与他的朋友交往中，通过他的朋友，你又能进一步了解这个男人，并由此判断出他是不是你以后生活中的另一半。

观察他对小孩子的态度，推断你们婚后的生活

和他约会时，不妨带上一个亲戚家的小孩子。如果他非但不讨厌小孩儿，还乐于与小孩儿交谈，甚至会趴在地板上与小孩儿一起游戏，这个男人未来无疑将是一个好父亲。如果他对这个小孩子没什么耐心，甚至觉得他很讨厌，那么，当你们结婚生子之后，他很有可能把教导小孩儿的重任完全推给你。孩子是两人爱情的结晶，对你们未来的生活将产生重要影响。因此，他对待孩子的态度也是你必须了解的一方面。

适度地奚落他一次，试探一下他的心理素质

奚落他一次，并不是说让你劈头盖脸地数落他一番，而是有"预谋"地、有目的地考验他一次。你可以故意当着他的面说"你做不了这件事"；也可以说，你对他做的事有些失望等等。对于好强的男人，他会立刻想方设法去做成这件事，让你知道你对他的估计错了；对于那些暂时无法做成的事，性格谨慎的男人会仔细分析一下失败的原因，然后再与你沟通，把他的想

法说给你听；而有些悲观、懦弱的男人很可能被你的奚落击败。通过这"一激一反"，你可以从中观察出他的心理，从而更加了解他。

与他交谈一次，看看他的个人修养

通过交谈去直接了解男性。在谈话中，女性可以通过男性发表对各种问题的看法和采取的态度，去了解他的内心深处。谈话时总是饱含温情，说起家人和朋友总是赞扬多过诋毁的男人是可以依靠的男人；他与你交谈时总是滔滔不绝，不在乎你的感受，只想让你做倾听者，这种男人有自私的嫌疑；所谓"静坐常思己过，闲谈莫论人非"，喜欢对别人加以品评的男人，至少不是成熟的男人。一个男人的修养会很自然地体现在谈吐中，通过观察他的谈吐，你就能对他的修养和品质有个大概的了解。

听他如何评价以前的女友，判断他是否余情未了

热恋中的女性，可能都很喜欢听他讲前任女友的坏话。但是在他如此评价前任女友的同时，你必须清楚，当某一天，你也成为他的前任的时候，他也有可能这样评价你。通常，讲女友坏话的男人靠不住。既然曾经相爱，那么，即使分手了也不应该成为仇人。在你的面前中伤前任女友的男人，不说百分之百的自私，但至少是个小气的男人；当然，还有一种可能就是，他仍然爱着前任女友，因为恨总是和爱相连的。而如果他在你面前一直讲前任女友如何如何好，你不用想也明白，他一定是余情未了。听听他是怎么评价前任女友的，这有助于你加深对他的了解。

在交往中留心观察，他对金钱的态度

"抠门儿"的男人一定要不得，如果他与你约会时处处显出无比的吝啬，那么可以肯定的是，这个男人一定是个小气鬼。这种男人将来不仅会对你的花销进行严密监管，而且对你的自由也可能进行限制。当然出手"大方"的男人也不一定就是大气的男人，在他阔绰的背后可能隐藏着不为人知的目的。好男人懂得赚钱，也懂得用钱买快乐，他们不挥霍也不"抠门儿"。男人对待金钱的态度是否正确，会直接影响到你们将来的生活。拥有正确金钱观的男人才是值得托付终身的男人。

看他对工作的态度，了解他是否是一个积极向上的人

你心仪的男人对工作持何种态度？当他和你在一起时，是经常抱怨薪水低，工作强度大，总是说要跳槽另觅他路，还是对

自己的那份工作充满了热爱，经常说如何干好它？当他和你在一起时，是说工作仅仅是谋生手段，还是大谈工作给他带来的乐趣，让他如何实现了自己的人生价值？从他对工作的态度，就可以判断出他是一个乐观、勇敢、积极向上的人，还是阴郁、悲观、自暴自弃、没有上进心的男人。这样，你对他的性格就能有更深层次的了解。

在爱上他之前充分了解他，是女人成熟的表现；能够运用多种方式了解他，是女人智慧的体现。通过以上几个细节的了解，能够完全了解你心仪的男人，才可能有完美的未来生活。

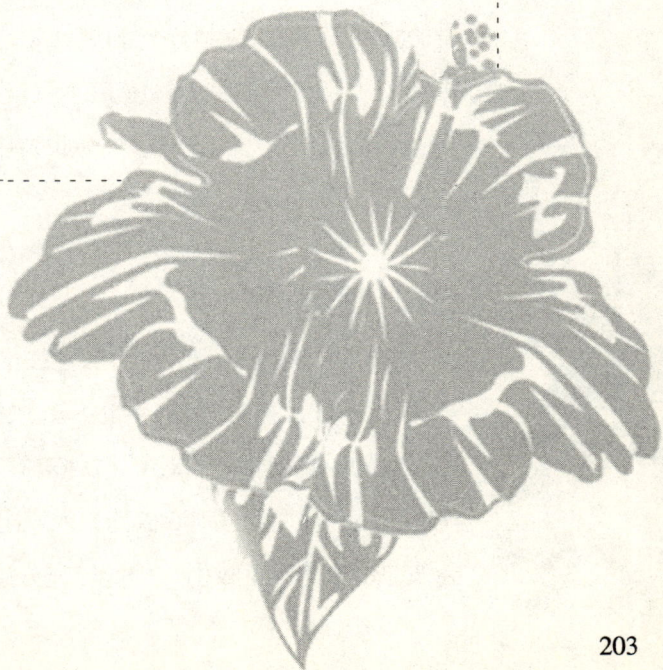

55. 冷热爱情须有"度"

当有了心仪的男人之后，很多女性会为如何表达爱情而苦恼。她们不知道该如何正确、有效地对心仪的男人发出爱情信号。其实，每个女人都具有表达爱情的天赋。比如：女人害羞的表情；女人对男人的故意冷落和暗中关注；女人撒娇、使小性子；以及女人吃醋时的种种表现等等。这些都是女性对男性示爱的表现。下面，就将逐一为您介绍，究竟该如何充分利用这些女人的特有天赋来表达爱意。但与此同时，绝不能不分场合、地点随时表达和随意表达，那样男人会非常反感，并适得其反。

让男人感觉你很害羞

内向型的女性在恋爱之初，往往显得很害羞，说话羞羞答答，目光不敢正视对方，双手也不知怎么放才算妥当。其实，在你心仪的男人面前表现出的这种羞答答、娇滴滴、欲言又止的模样正是内向型女人对心仪的男人发出的最好的爱情信号。他会被你娇羞的样子吸引，他能够充分感受到你所发出的信号：

"你可以来追求我的，如果你来追我，至少我不会让你难堪。"这样一来，性格内向的女性就充分利用了内向、害羞的性格特点发出爱情信号了。

当爱意在熟人间发生时，要表现出故意的关注和冷落

当爱情产生在熟人之间，比如说同事、同学、朋友之间时，女性"不经意"的一瞥、一个特别关注的眼神、一句淡淡的只有你们之间才能听懂的话，都是女性向心仪的他发出爱情信号的方式。当然，除了这些细节之外，你们表面上很可能风平浪静，就像普通朋友一样，让人看不出有什么特别之处。有时，甚至女性特意的冷落，故意的、违心的指责，也能引起心仪男士的注意。不论是关注还是冷落，都是女性表达爱意的好方法。当男人被女人这种"特殊对待"所吸引时，很可能会想一探究竟，最终明白女人的用意。

适当地在他的面前撒娇

撒娇是女人的天性，也是向爱慕已久的他示爱的最好方式。在他眼中，撒娇是女人把柔情蜜意、天真俏丽的一面，表现得最充分的时候，最终几乎

所有男人都会在深谙撒娇之道的女子面前败下阵来。在娇声细语面前，还有哪个男人不肯乖乖就范？纯真是女人的天性，善于撒娇的女人更易得到男人的疼爱。过分的严肃死板会让对方感到不愉快或缺少点儿什么。当然，撒娇也要把握一个度，不能让撒娇到了任性、固执的地步。这样，你的爱情信号才能在不知不觉中表达给他。

适当吃醋，让他感觉异常

看见心仪的男子和别的女人"亲密无间"、"喁喁哝哝"，你的心里就会酸酸的、涩涩的。这种感觉就是"吃醋"。而吃醋时所表现出来的嫉妒、苦楚、埋怨，都能表达出女性的爱意。吃醋不是自私自利、勾心斗角的爱，而是真诚的爱。通过吃醋，你可以传达给他这样一个信息：我喜欢你，想独自占有你，不想让别人分享你。当你传达给他这个信息之后，他才能恍然大悟，才能知道原来你很在乎他、喜欢他。

发出了这许多的爱情信号后，他会明显地感觉到一丝异常了。此时，他的脑海里会不断浮现你的一颦一笑、一个小动作、一个眼神，进而明白了你的心意，最终被你的魅力所征服，给你爱的回应，甚至开始展开对你疯狂的追求。

56. 初访**男友**家之应对小策略

一旦男女双方确定了恋爱关系，决定去男友家拜访，女孩子总难免会心慌。因为他家人对你的第一印象，往往决定了今后你们二人之间的关系。因此，如何牢牢抓住男友的心，并受到他家人欢迎、喜爱，便是恋爱中的女性所要考虑的大问题了。

初次拜见自己未来的公婆，情绪紧张是每个女性都不可避免的。但是，紧张只会让你乱了方寸，变得手忙脚乱，无法施展自己的魅力。所以说，与其紧张，还不如多学习一些其中的礼节和注意事项，这样才会让你胸有成竹，应付自如。

下面让我们一起了解一下，初次拜访男友家都应该注意哪些方面。

要带上他家人喜欢的礼物

在拜访他家之前，先打听好他家人的情况、年龄，都喜欢什么样的礼物，然后给每个人都准备一份精心挑选的礼物。准备礼物时一定要用心、有针对性，这样才能体现出你的细心和诚意来。给父母的礼物可以是滋补品，给他兄弟姐妹的礼物可以时尚一些等等。不管选择什么样的礼物，都要符合每个人的心意，这样的礼物才是最好的礼物。

在他家人面前要做一个勤快、有教养的女孩儿

男友的母亲往往是他家里对你最挑剔的人。在男人心目中母亲的地位是相当重要的，因此，赢得了他母亲的喜欢，你就等于成功了一半。在他母亲面前切不可过于卖弄才识，以免使她产生你想凌驾于她之上的误会。而应该表现得温顺、体贴、勤快，在帮助做家务时，即使会做也要向她老人家讨教，这样才能赢得他母亲的喜爱。

大胆地表现出你对他的好

在他家人面前，你和男朋友在一起时，应处处表现得既体贴又温柔、处处呵护他、时时照顾他、凡事都为他考虑，而不可因为难为情就故意不去答理他、冷落他。你对他好，他的父母看到会替他高兴的，他们会认为把他交给你他们很放心。当然，任何事都要适度为好，不要因为想讨好他的家人就过于做作，这样反而让人生厌。

他的家人是他生命中最重要的人，他们给了他生命，造就了他的个性，培育他长大成人。他们是他的亲人，也应该是你的亲人，所以应以对待自己家人的态度去对待他们，这样就能和他们融洽相处了。

57. 爱情保鲜有绝招

恋爱的激情过后，爱情常常会随着时间的流逝变得淡而无味了，就像电影《手机》里费墨说的："二十多年了，确实有些审美疲劳。"恋爱的时间久了，是不是会产生"我摸着你的手，就像摸我自己的手一样没有感觉，可是要把你的手锯掉也跟锯掉我的手一样疼"（《一声叹息》中的台词）的感觉呢？如果你产生了上面所提到的那种感觉，你就该检讨一下自己了，因为你们的爱情已经失去新鲜感了。

有魅力的女人通常都是爱情的厨师，她们知道适时地往爱情中加入酸甜苦辣的调味品。这些调味品能不断刺激爱情，让恋爱中的你们一直保持激情状态，使你们的爱情永远保持新鲜。那么，给爱情保鲜的招数都有哪些呢？

给男人以母性的关怀

表面看起来比女人坚强的男人，内心的感情世界也是非常丰富的，只不过表现的方式与女人不同而已。他们也需要女人的关怀与体贴，尤其是在他们遭受打击、遭遇失败的时候。作为一个女人，应该在男人失意之时，给予他温暖和宽慰。温暖可以是一个鼓励的微笑，宽慰只需几句理解和支持的话，就足够了。他会从你那里汲取到继续下去的勇气和前进的力量。而男人最怕

的就是来自心爱女人的打击、嘲讽。记住，在他不顺利的时候要给他鼓励，给他母性的关爱，这是你为自己爱情保鲜的第一要诀。

适度地刺激他一下，让他有些挫折感

男人喜欢温顺的女性，因为温顺的女性可以满足他们的支配欲。然而，如果女人一味地顺从，就会使男人丧失了征服的欲望，进而使他与你的爱情逐渐失去新鲜感，这时，他的目光很可能由你转向了别人。通常，千依百顺的女人是没有吸引力的女人，想保持自己对男人的吸引力，就应该学会如何适度地刺激一下男人的心。偶尔吵吵架，告诉他，他并不是你唯一的依靠，你也是有独立人格的，让他产生小小的挫败感，这也是给你们爱情保鲜的秘方。

巧妙地展现你的才华

才华对于恋爱中的女人尤为重要。你可能没有"绝色"，但你一定要是"佳人"。在两个人坠入爱河之初，双方可能仅仅是被彼此的外貌所吸引。但是随着时间的推移，当男女的交往日渐深入时，吸引男人的就是女人的才华了。聪明的女人知道怎样巧妙地展现自己的才华，虽然，她不会像她心仪的男人一样在众人面前滔滔不绝，但是她会在宴会结束之后，悄悄地指出男人刚刚犯下的错误；她会一直低调、谦虚，直到陪她的恋人下过一盘棋，评过一场球赛之后，他才恍然大悟——原来她这么博学。女人只有学会巧妙地展现自己的才华，才能带给爱情源源不断的新鲜感。

做一个千面女郎，给他以新鲜感

　　人，尤其是男人，喜新厌旧是常见的事情。因此，你一定要在他审美疲劳出现之前不断地改变自己的形象，千面女郎永远是爱情中的常胜将军。生活让你忙碌，但不能庸碌，当你给自己的电脑升级的同时，别忘了给自己充电。一旦女人放弃了自我更新，那么，女人和男人的爱情基本上也到了尽头。有魅力的女人好像每天都会升起的太阳一样，虽然每天升起，但是每一天又都是崭新的。女人外表的变化固然能吸引男人的注意，但女人不断提高的内在素质才是能永远吸引男人的磁石。一件新衣裳、一首雪莱的诗、一段人生感悟，女人要不断"花样百出"、"千面示人"，这样才能给你的爱情保鲜。

　　保持新鲜的爱情能够给女人提供更多滋养，使女人魅力永驻。假如你学会了上述的招数，并能灵活运用，相信你一定能延长爱情的保险期限，使你们的爱情永恒。

58. 自由爱情，别太"**自由**"

爱情应该是专一的，女人的爱情不能同时献给两个以上的男人。那些在感情中见异思迁、朝秦暮楚的女人是最不受欢迎的女人。同时爱上几个男人的做法叫做滥情而不叫爱情。滥情的结果会让女人魅力消失，最终将一无所获。因此，对待感情，女人一定要忠贞，千万不能玩弄男人的感情。

很多滥情的女人由于曲解了"自由爱情"的含义，因此以为自由的爱情就是可以随心所欲地更换男友，甚至可以同时交往几个男友。滥情的女人通常既有正式的男友，又有许多个关系暧昧、纠缠不清的"后备队"男友。她们之所以卖弄风情、把感情看得一钱不值，目的无非是觉得这些男人能提供给她们不同的物质或精神享受。这种女人就是典型的玩弄感情的女人，更是道德败坏的女人。

爱情发展到最后就应该是婚姻，如果一个女人同时和几个男人交往，那么这时必定有男人被抛弃、被伤害。被抛弃的男人会因此而产生极大的精神痛苦，这种痛苦是深入骨髓的痛苦，会给男人造成难以消除的心理阴影。

美丽的女人往往有许多追求者，美丽吸引他们对她百般殷勤。然而，真正有魅力的女人不会把这些男人的追求照单全收，而是会理智地从中作出选择，然后及时、委婉又明确地表明自己的选择和态度，让他们及早抽身，另觅恋人。因此，也就不会给自己和他人造成不必要的伤害，无端招惹来许多麻烦。在面对多种选择时，最好要速战速决，不要让感情藕断丝连。

拒绝男性有三种方式：

第一，要注意自己的态度。拒绝要委婉，做到不伤害对方的情感。不可用绝情、挖苦，甚至是谩骂的字眼来斥责对方。

第二，要用坦诚来打动对方，说服对方，讲清自己拒绝的理由及择偶条件，让对方觉得通情达理。

第三，要明确地告诉对方，他和你是没有可能的。同时应表明可以作为一般朋友交往，顺便别忘了表扬他的一些优点。此外，在以后和他的交往中，要尽量避开能引起他和他人误会的场面，让他彻底死心。通常，能向你主动示爱的男人，不是同事就是朋友、同学，是平时关系比较密切的人。如果你真的是为他好，就要快刀斩乱麻，这样才能给他重新恋爱的机会，才是对他真正的关心。

具有魅力的女人懂得如何在爱情追逐中把握分寸，她们不玩弄男人的感情，不轻易伤害他人。她们明白真正的爱情不是被人追逐的虚荣，不是众星捧月的虚幻。她们对爱情忠贞专一，因而更富魅力。